環ヒマラヤ生態観察叢書②

カイラス山・マーナサロワール湖

生物多様性観測マニュアル

羅 浩 編著
西尾颯記 訳

自然の魂

グローバル科学文化出版

私たちは参詣者

　ガリ地区のカイラス山はチベットにおける神山の1つで、私が今まで参詣したことのない山である。

　初めてチベットの神山の興味を抱いたのは1990年代。初めて高原に行った際、歩く道で一歩進み地に頭をつける参詣者たちに出会い、私は奇妙に思った。老若男女が風餐露宿し、数千キロにも及ぶ道のりを、全身を使って少しずつ進む。私の育ってきた環境では全く見かけることのない光景だったので、それにいったいどんな意味が込められているのだろうかと疑問を抱いた。チベットの野生動物を調査しているとき、しばしばこのような話を聞いた。「ここには50以上もの保護区があり、その1つは国で、50個は古くから住む人々が守る神の山だ。」その後様々な地域に赴き、行く先々で完璧に保存された原生林や、自由に往来する野生動物を目にし、まさしくここが神山なのだと疑わなかった。

　このような光景は私に非常に重要なことを教えてくれた。自然保護をする際に生じる大きな問題はここではほんの些細な出来事で、その土地の住民と自然には、自然保護と利益の間で起こる衝突が無いということだ。私は長い間自然保護の仕事に関わってきたが、自然保護や応援ということに無力感を感じていた。そのため私は神山で私の視野を広げ、そこに住む人々や自然とのかかわり方を理解すべきだと考えた。

　簡単に説明すると、チベットの神山にはほぼ完全な生態系が残っており、また村ごとに自分たちの神山が存在するため考え方も異なっている。人々はこれらの神を山水の主だと信じており、人間はただ通りすがりの客に過ぎないと考えている。そのため資源を利用する際は主の許しを得て節度をもって使用し、畏敬の念を忘れずにいる。チベットに住む人々はこのような生活をしているため、神山ないしはすべての自然資源対して戒律を設け、時間の経過とともに誰が監督することもなく守るようになった。神山聖湖には早くからチベット仏教が入っており、それが千年近い時間をかけてチベット族の文化と融合し今日に至る。様々な出来事を経て自然を保護や神山の理念が人々の心に深く根付き、現在でも人々はそれを実行している。

　自然保護者からすると、この心は疑うことのない貴重な財産である。また、神山の伝統と科学による保護システムの結合によって、チベットに住む信仰を持つ人々を保護主体とし、保護していくべきである。

　神山聖湖は厳かで美しい。工業文明の中に生きる人々とはかけ離れている。本書はそれをのぞくための小さな窓のようなものであり、遠く離れた都市で生活する忙しい人々には少し立ち止まって、神山聖湖の生命の多様性や自由で広大な大地を感じていただきたい。カイラス山ははるか遠いガリの地にそびえたっており、そこに住む人々が敬う山である。またTBIS（チベット生物映像調査機構）の方々が記録した美しい瞬間に感謝の意を表したい。本書を読むこのひと時は、私たちは皆参詣者となるだろう。

北京大学教授、山水自然保護センター創始者　呂　植

ガリ地区の生息環境

果てしない荒野と空にひろがる湿地

　標高の平均が4500メートル以上もあるガリ地区は間違いなく世界の屋根だと言える。この地区の面積は30.4万平方キロメートル、チャンタン高原の中心地域を占め、ヒマラヤ山脈やカンティセ山脈などの山脈が集まり、「万山の祖」と呼ばれている。同時にこの地区はブラマプトラ川やインダス川、ガンジス川の水源地でもあるため、「百川の源」とも呼ばれている。また中国の中で人口密度が最も低い地域であり、荒涼とした草原や河川湿地、山岳氷河が美しいガリ地区の大地を形成している。

▲ 近距離から観察したカイラス山の西側面。山頂は1年中解けない雪で覆われている。

▲マーナサロワール湖と雪山

▲ ガリ高原にある万年雪。ガリ地区は標高平均が4500メートル以上の標高の高い高原で、標高が1000メートル上昇するごとに、温度は6℃ずつ下がる。この山は標高が比較的高く、山頂の気温が0℃より低いため山頂の雪は解けない。

▲ ガリ高原の生態系。ガリ地区は中国チベット自治区における畜産業の主要地。草原の面積が地区全体の 87.18％を占める。
▼ グルラ・マンダータ山の氷河。標高 7694 メートルでヒマラヤ山脈の西側に位置する。

目次

　　序　私たちは参詣者 ………3

第1章　**鳥類** ………*8*

第2章　**獣類** ………*53*

第3章　**両生類・爬虫類** ………*72*

第4章　**魚類** ………*76*

第5章　**昆虫** ………*80*

第6章　**植物** ………*110*

第7章　**高原・ガリを歩く** ………*170*

　あとがき ………*234*
　参考文献 ………*236*

第1章　鳥類

　中国チベットガリ地区のプラン県にある神山聖湖旅游区は平均標高4500mに位置している。区域内にはマーナサロワール湖やラークシャスタール湖、カイラス山があり、川や湖が数多くあるため、様々な種類の鳥が水辺で生活している様子を見ることができる。

　ガリ地区の冬が長く夏の無い気候はチベット東南部の温暖湿潤気候と大きく異なっているが、この地区に生息する鳥類の約半数はチベット東南部でも見られる。本書では区域内に生息する12目25科45属53種の鳥類を収録しており、その中に国家Ⅰ級重点保護野生動物が2種（ヒゲワシ、オグロヅル）、国家Ⅱ級重点保護野生動物が3種（ヒマラヤハゲワシ、オオノスリ、チョウゲンボウ）も含まれている。上述した保護生物は丈夫な体や羽を持ち、高原を自由に飛びまわっているため、チベットの大部分の地域で見ることができる。

　湖や沼地、河川はガリ地区に生息する鳥類にとって重要な生息地で、この環境に適した鳥類の種類も多く、分布も集中している。スズメ目ではない種の水鳥が多く、インドガンやアカツクシガモ、カンムリカイツブリ、アカアシシギ、チャガシラカモメ、オオズグロカモメ等が挙げられる。

　湖沼の周辺と河川の沿岸部には面積の大きい高原が広がっている。これらの地域の植物は低く育ち、身を隠す場所も少なく、巣を作るための条件も悪いため鳥類の種類こそ少ないが、生息密度は大きい。スズメやヒバリが多く生息しているが、道端ではチベット高原特有のチベットサケイが見られ、またヤマガラがナキウサギと巣穴をめぐって争っている興味深い様子を観察することができる。

　村落周辺の畑や果樹園、疎林、やぶと言った人工的な生息環境では、エサが豊富なものの生息できる面積は小さいため、生息している種が比較的少ない。しかし、群れをなしてする種は比較的多く、スズメやイエスズメ、色鮮やかなゴシキヒワ等のスズメ目の小型な鳥類がよく見られる。

　高い山の岩場では、エサが少なく、草地も狭いため鳥類の種類は少ないが、ベニヒタイセリンのような珍しい鳥類に出会える。また、区域内の氷河や万年雪がある場所ではエサがほとんどないため、渡り鳥が多い。

鳥類識別図

　鳥類は動物の中のスターとして人々の注目を浴びている。鳥類の卓越した飛行能力や色彩豊かで華やかな羽、美しく魅力的な鳴き声、渡り鳥の長距離飛行などが人々を観察に駆り立てる。現代社会の発展に伴い、鳥類が健康な環境の指標として一般的に認識されるようになり、多くの人々が鳥類の観察または保護団体に参加するようになってきた。

　鳥類は見た目で簡単なグループ分けをすることができる。例えばニワトリ、カモ、キツツキ、オウム、ハト、カモメ、ワシ、サギと言うようにその多くがよく耳にしている名前だろう。また、その習性によって渉禽類（ツル、シギ等）や水禽類（カモ、カモメ等）、家禽類（ニワトリ、スズメ等）、猛禽類（タカ、ワシ、ハヤブサ等）というように大きく分類することもできる。しかし、各種類の正確な識別には鳥類の基本的な分類学の特徴を知る必要があるため、本書の中に出てくる専門用語を以下にまとめた。

頭部の特徴は額、頭頂、眉がある点で、頭頂の上部に伸びた長い羽根は冠羽と呼ばれる。

翼羽部の構造は複雑で、前部にあるものを雨覆、先端後部にある長いものを初列風切、後部にある初列風切りより比較的短いものを次列風切と言う。風切羽の色は鳥類が羽を広げたときにのみ見分けることができる。

頸部は後ろ側にのどがあるのが特徴である。

尾部は上尾筒、下尾筒、尾羽があるのが特徴である。

第1章 **鳥類**

▲マーナサロワール湖の生態系。湖から伸びている様々な水草は鳥類の繁殖場所となっている。

第 1 章　鳥類

Perdix hodgsoniae

漢名：高原山鶉（チベットヤマウズラ）

キジ科　ヤマウズラ属

体長約 28 センチ。頭部にははっきりとした白い眉、嘴は淡い緑色、目の下の側面には黒い斑点がある。頸部は栗色で、灰色の体は黒い横縞で覆われ、尾羽はこげ茶色になっている。また胸には黒くて幅の広い縞模様があり、体の側面まで伸びている。尾は短く、尾の上の雨覆は茶色を帯びた白で、そこに黒褐色の黄斑がきれいに並んでいる。尾羽の外側は栗色で、緑がかった茶色い脚を持っている。標高 2800 ～ 5200 メートルにある灌木地帯の石の多い坂でみられ、10 羽ほどの群れで活動する。また、飛行を好まず、敵に追われた際には散り散りになって隠れる。ヒマラヤ山脈及びチベット高原でよく見られる留鳥である。

Anser indicus

漢名：斑頭雁（インドガン）

カモ科　マガン属

体が大きく、約 70 センチ。頭頂は白く、頭部の後方には黒い帯状の模様が 2 本ある。嘴は黄色いが、先端部分は黒い。頭部の白は側頸に伸び、両側にそれぞれ 1 本の縦縞を形成し、後頸は紫色を帯びた黒色になっている。また、上体の羽の紫色を帯びた黒と羽のふちの白が混ざり花の模様を形成している。飛行している際は状態が藍色に見えるが、翼の後部のふちは緑に見える。体は白く、足は橙色である。寒さに強く、夏季になると中国の北方またはチベット高原の沼地で繁殖する。カイラス山とマーナサロワール湖の旅游区では成鳥がヒナを連れて泳ぎの練習をしている心温まる様子を見ることができる。冬季は中国の中部およびチベット南部の淡水湖に移動する。

第 1 章 **鳥類**

Tadorna ferruginea

漢名：赤麻鴨（アカツクシガモ）

カモ科　ツクシガモ属

体は比較的大きく、約 63 センチ。体は黄色、頭頂は白く、黒い嘴を持っている。尾は短く、色は黒で金属のような光沢がある。飛行している際は白い雨覆と黒い風切羽の鮮明なコントラストを見ることができる。雄は夏季になるとオスには頸部に首の周りに細く黒い模様が入る。拓けた草原や湖、畑などに生息しており、全く人を恐れず、冬季は群れをなして村落の近くに生息している。中国の東北、西北及びチベット高原など広い範囲で繁殖しており、冬になると中国の中部と南部に渡り冬を越す。

Mergus merganser

漢名：普通秋沙鴨（カワアイサ）

カモ科　ウミアイサ属

体は大きく、約68センチ。嘴は赤く細長く、先端は鉤状になっている。繁殖期になるとオスは頭部及び背が黒くなり、胸と腹は白で、翼は黒い。メスと繁殖期ではないときのオスは頭部がこげ茶色で冠羽は短い。体の上部は灰褐色で下部は薄い灰色。羽はふわふわとしており、尾は比較的長い。また、足は赤。群れを成して活動することを好み、湖や急流で潜水し魚類を捕食する。中国北部で繁殖し、冬は黄河より南の広い地域に渡り冬を越す。またチベット高原に生息する個体は大陸を縦に移動するだけの留鳥である。

第1章 鳥類

Podiceps cristatus

漢名：鳳頭鸊鷉（カンムリカイツブリ）
カイツブリ科　カンムリカイツブリ属

体は比較的大きく、体長約50センチ。頭部の頬の部分は白い。嘴はまっすぐで先端は尖っており、褐色である。また、頭頂には黒い冠羽があり、小さな辮髪のように見える。頸部は比較的長く、背は黒、腹部と胸は白で、背と翼は黒いがその中にこげ茶色の模様が混ざっている。脚の近くは黒く、足の指には花びらのような幅の広い水かきがついている。繁殖期になると成鳥の頸部は栗色になり、頸部の背面にはたてがみのような黒い飾り羽ができる。河川や湖沼に生息し、潜水を得意とする。驚いたときは水面から飛び去るのではなく水中にもぐる。繁殖期になるとみごとな求愛ディスプレーを見せる。夏のマーナサロワール湖はかれらの生活の拠り所となり、至る所で成鳥が卵を温めている様子やヒナを連れて泳いでいる様子を見ることができる。中国北方及びチベット高原の大きな湖に多く分布している。

第1章 **鳥類**

Gypaetus barbatus

漢名：胡兀鷲（ヒゲワシ）

タカ科　ヒゲワシ属

■ 中国国家Ⅰ級重点保護野生動物

体は大きく体長約110センチ。頭部は灰色を帯びた白で、眼の周りには黒い横縞が入っており、また長いひげを持っており、まるで戦いに長け、経験豊富な大将のような見た目である。嘴は太く大きくて色は黒みがかった茶色。頭部と頸部はヒマラヤハゲワシとは異なり露出されておらず、赤錆色の羽毛を持つ。また胸及び腹の部分は黄褐色で、褐色の体の背面には黄白色の縦縞がある。飛翔時には両翼の先端が真っすぐ尖って見え、長い楔形になっている。普段は空中を旋回しながら飛んでおり、腐敗した死体を食べる。また死体の骨を好み、大きな岩の上までくわえて行き、粉々に砕いてから食べる。中国西部や中部の山間でみられ、高い所では標高7000メートルでも見られる。

第1章　鳥類

Gyps himalayensis

漢名：高山兀鷲（ヒマラヤハゲワシ）

タカ科　ハゲワシ属

■ 中国国家Ⅱ級重点保護野生動物

体は大きく、体長約120センチ。嘴は大きく、頭部及び頸部が露出していて、白く短い羽毛がまばらに生えている。頸部の後方にはふわふわした黄褐色の羽毛がある。体と翼は黄土色、そこに黄色を帯びた白い模様が縦に入っている。翼の先端部の羽毛は黒、胸と腹は黄褐色。また尾は黒くて短く、脚は灰色になっている。飛行時には頸部が縮んでおり、明るい時には翼の裏側が黒と白の帯状の模様を見ることができる。翼の先端部は開いており、上昇していく様には覇気が感じられる。通常は空高い所を飛んでおり、群れを成すこともある。腐った肉や死体を主に食べるが、一般的に生きた動物を攻撃することはない。中国西部及び中部の標高の高い地区やチベット高原に分布している。

Grus nigricollis

漢名：黒頸鶴（オグロヅル）

ツル科　ツル属

■ 中国国家Ⅰ級重点保護野生動物

体は大きく、体長約 150 センチ。オスの頭部と頸部は黒、嘴は比較的長く灰褐色。目の周りと頭頂は赤く、眼の後部には白いまだら模様がある。胴体の羽は淡灰色、風切羽は弓のように湾曲しており尾羽を覆っている。脚は細長く黒。メスとヒナは頭部が灰褐色、腹部は暗い灰色で膨れているように見える。沼や湖の周りに生息し、農作物をエサとするがナキウサギなどを捕らえて食べることもある。チベット高原や草地、湖沼で繁殖し、中国南西部で冬を越す。

第 1 章 鳥類

Buteo hemilasius

漢名：大鵟（オオノスリ）

タカ科　ノスリ属

■ 中国国家Ⅱ級重点保護野生動物

体は大きく、体長約 70 センチ。頭部は褐色のまだら模様が混じった茶色で、嘴は青灰色で厚い。体の背面と翼は黒褐色で、羽の縁は黄白色と茶色が鱗のような模様を作っている。また、尾は比較的短く褐色、脚は太く大きく黄色、爪は黒になっている。飛翔時には、翼の腹側に白い斑点が見え、尾は扇状になっている。草原に生息することを好み、攻撃的で、単独で野兎やキジなどを捕らえることができる。中国の北方及びチベット高原でよく見られる。

第1章 鳥類

Falco tinnunculus

漢名：紅隼（チョウゲンボウ）

ハヤブサ科　ハヤブサ属
■ 中国国家Ⅱ級重点保護野生動物

体長は約33センチ。オスとメスで色が異なる。嘴は灰色で端の部分は黒、脚は黄色になっている。オスの頭頂及び頸部の後ろ側は灰色で、赤褐色の背中側と翼の中央には黒い斑点、そして黄白色の胸と腹にも黒い斑点がある。尾は細長くグレーを帯びた藍色で、末端が黒くなっている。飛翔時には尾羽の下側に銀色の横縞がみられる。メスの体は少し大きい。体の背面は褐色で、オスより斑点が多い。拓けた野原を好み、しばしば柱や枯れ木の上に泊まっており、獲物を発見すると猛スピードで飛んで行く。また低空飛行で獲物を探していることもある。中国の東北部や西北部、チベット高原で見られ、北方に生息しているものは中国南方に渡って冬を越す。

第 1 章　鳥類

Himantopus himantopus

漢名：黒翅長脚鷸（クロセイタカシギ）

チドリ科　セイタカシギ属

体はすらりとしていて背が高く、体長は約 37cm。鳥類の中でも珍しい体の形をしているため簡単に見分けることができる。嘴は細長く黒色で、頭、胸、腹は白、頸部の背面には黒いまだら模様がある。翼は黒色、ピンク色の脚は細長く、体と同じくらいの長さである。写真は幼鳥で、頭頂と頸部の背面は灰褐色で、脚も灰褐色寄りの色をしている。海の浅瀬や淡水の沼地を好み地中のエサを探す。セイタカシギは中国の広い範囲に分布している。

Charadrius monngolus

漢名：蒙古沙鴴（メダイチドリ）

チドリ科　チドリ属

体は比較的小さく、体長約 20 センチ。嘴は黒色で短くきわめて細い。頭頂及び体の背面は灰色で黄褐色のまだら模様がある。眼の下は黒、喉は白。胸の前方部分は黄褐色で、腹部は白、翼は灰褐色、脚は濃い灰色となっている。写真は幼鳥で、眼の下は灰色、翼は灰褐色、羽の縁には黄褐色で扇状のまだら模様がある。他の渉禽類と共に群れを成し、海や湖の干潟や砂浜で活動する。大群になることもある。中国の新疆ウイグル自治区の西部やチベット高原で繁殖し、中国南部に渡って冬を越す。

第 1 章 鳥類

Tringa tetanus

漢名：紅脚鷸（アカアシシギ）

シギ科　シギ属

体長は約 28 センチ。嘴は細長く、基部は赤、先端部は黒色になっている。頭部及び頸部は灰褐色で喉の近くは白色。体の背中側の部分と翼には灰褐色と黄褐色のまだらがあり、胸と腹には白地に褐色の縦縞が入っている。飛行時には腰と翼の縁が白く見える。また尾は短く、黒と白のまだら模様が入っており、脚は長くピンク色をしている。干潟や塩田、干上がった沼地、養魚池でエサを探す。しばしば小さな群れを成して行動し、中国北西部やチベット高原、内モンゴル自治区頭部で繁殖する。また、冬は長江流域へ渡る。

Actitis hypoleucos

漢名：磯鷸（イソシギ）

シギ科　イソシギ属

体は小さく、体長は約20センチでたいへん活発である。嘴は比較的長く濃い灰色。上体は褐色で羽の近くが黒色、体の下部分は白色で胸に灰褐色のまだら模様がある。また尾羽の外側には灰褐色で白と黒のまだら模様が横並びに入っている。脚は黄緑色。飛翔時には翼の下に白い帯状の横縞が見られる。様々な地域に生息しており、干潟をはじめ山地の水田や標高の高い渓流、河川の岸で見ることができる。歩くときは頭部がうなずくように振って歩く。中国北方やチベット高原で繁殖し、冬は中国の広い地域で見ることができる。

第 1 章 **鳥類**

Chroicocephalus brunnicephalus

漢名：棕頭鷗（チャガシラカモメ）

カモメ科　チャガシラカモメ属

体長は約 40 センチ。頭部は濃いチョコレート色で頭巾をかぶったような形をしている。頸部と胸、腹は純白。翼は全体的に灰色で先端部が黒く決して長くはない。尾は短く、尾の先端部に黒い帯状の模様がある。色はオオズグロカモメの繁殖期に似ているが、嘴と脚が赤いというのが最大の特徴である。夏は高原にある湖沼に生息し、湖上を飛んでいる姿を見ることができる。中国のチベット中部や青海省で繁殖し、渡り鳥として中国北部や南西部でも見られる。

Ichthyaetus ichthyaetus

漢名：漁鷗（オオズグロカモメ）

カモメ科　オオズグロカモメ属

体は比較的大きく、体長は約 68 センチ。頭部は灰色、嘴は黄色で先端部に黒色のまだら模様がある。眼の周りには黒斑があり頭頂部には暗色の縦縞が入っている。体は白く、飛翔時の翼の下部分も全て白くなっているが、先端部は黒褐色で尾の端も黒くなっている。砂浜や内陸の平原、湖、河川に生息し、しばしば水上で休息する。魚を捕らえることを得意とし、自分の体より大きい魚をくわえていることもある。中国北西やチベット高原、広東省などに分布している。

第 1 章 鳥類

Sterna hirundo

漢名：普通燕鷗（アジサシ）

カモメ科　アジサシ属

体長約 35 センチ。頭頂部は黒く「海賊」の頭巾をかぶっているように見える。体は白か薄い灰色、翼は灰色。チャガシラカモメにかなり似ているが尾羽の分岐点で区別することができる。冬は嘴が黒く、夏は全体的に赤くなる。脚は赤く、冬は少し暗い色になる。海水地域を好んで生息しているが、内陸の淡水地域に生息していることもある。また普段は水の上を飛んでいるが捕食の際は高い所から飛び込んで水中に入る。中国の広い地域やチベット高原に分布している。

Syrrhaptes tibetanus

漢名：西藏毛腿沙雞（チベットサケイ）

サケイ科　サケイ属

体は大きめで体長約 40 センチ。藍色の嘴は短く厚く、頭部と頸部、胸には薄い灰色と黒、こげ茶色が混ざって麻花のような模様を形成している。また体の背面には茶褐色と黒いまだら模様がある。頬は橙色、翼は茶褐色で先端部は黒色、脚は青っぽく付け根の部分は黄白色の羽毛で覆われている。荒れた高原や岩場で群れを成して生活している。また性格はおとなしく、人を怖がらない。チベットや新疆ウイグル自治区、四川省北西部、青海省東部に分布している。

第 1 章　鳥類

Columba rupestris

漢名：巖鴿（コウライバト）

ハト科　ハト属

体長は約 31 センチ。カワラバトに似ており、嘴は短く黒色、頭部と胸の前部は鳩羽色、体の背面は薄いねずみ色になっている。翼の上部には黒い 2 本の模様が横に並び、胸と腹は薄い灰色。また尾の近くには幅の広い灰色の帯があり、尾は基本的に濃い灰色、脚は赤色になっている。崖の多い地域に生息し、高い所では標高 6000 メートルでも生活できる。中国の東北地域や華北、華中、新疆ウイグル自治区、チベットなどに分布する。

34

Cuculus saturates

漢名：中杜鵑（ツツドリ）

カッコウ科　カッコウ属

体長は約 26 センチ。嘴は灰褐色で目の周りは黄金色、頭部と胸、体の背面は灰色になっている。腹と両脇は淡い灰色で幅の広い横縞がある。また尾は黒く模様はない。脚は短く山吹色をしている。写真は赤色型のメスでカッコウのメスと非常によく似ているが、腰にある横縞で区別できる。丘陵や山地、森林に隠れて生活しているため見つけることが難しい。夏は中国の東北、西北、ヒマラヤ山脈で生息し、冬は中国南方へ渡る。

第 1 章　**鳥類**

Cuculus canorus

漢名：大杜鵑（カッコウ）

カッコウ科　カッコウ属

体長は約 32 センチ。眼の周りは黄色い。嘴は短く、上部は暗い色で下部は黄色。体の上部は灰色、尾は黒っぽく、腹の周りは白いが黒いまだら模様がある。脚は黄色い。写真は赤色型のメスで背部に黒いまだら模様がある。拓けた林やアシの生えた地域に生息している。また、おなじみの「カッコウ」という鳴き声で鳴き、小さな虫をエサとしている。高い木にとまって産卵できそうな他の鳥の巣を探し托卵をする。カッコウは中国の広い地域で見られる。

Upupa epops

漢名：戴勝（ヤツガシラ）

ヤツガシラ科　ヤツガシラ属

体長は約 30 センチ。鳥類の中とは変わった色と体形をしているため、簡単に識別することができる。嘴は黒く下に向かって曲がっており、先端は鋭い。頭部には冠羽があり、色は橙褐色で先端は黒色。普段は収納している冠羽だが危機に直面した際には扇状に広げる。頭部と背面、肩、体の下部分は薄い茶色で、脚は黒、両翼と尾には黒と白のラインがある。性格は活発で飛び跳ねるように走る。拓けた草地を好み、長い嘴を使って地面を返しエサとなる昆虫を探す。中国の広い地域に分布し、高い所では標高 4000 メートルのところに生息する。

Pyrrhocorax pyrrhocorax

漢名：紅嘴山鴉（ベニハシガラス）

カラス科　ベニハシガラス属

体長は約 45 センチ。体は黒くカラスの様だが、嘴は短く下に曲がっており鮮やかな赤色をしているため簡単に識別できる。脚は赤色。飛翔時はかなり俊敏で空を滑るように飛び、冬はしばしば畑の周りに出現する。中国北部や西部、チベット高原で見られる。

Corvus macrorhynchos

漢名：大嘴烏鴉（ハシブトガラス）

カラス科　カラス属

体は大きく、体長は約 50 センチ。ワタリガラスにかなり似ているが、頭頂部により丸みがある。嘴はかなり太く、体の背部には光沢があり、紫っぽく見えることもある。尾は短く末端がそろっている。脚は黒色。雑食で様々な環境で生活することができ、山間の平原でも見ることができるが、都市部のゴミ捨て場付近に群れを成して活動していることが多い。写真では単体でヤクの骨の上にとまっている様子で気味が悪いという感情を抱かせる。中国の西部を除くほとんどの地域に分布する。

第 1 章 **鳥類**

Pseudopodoces humilis

漢名：地山雀（ヒメサバクガラス）

カラス科　ヒメサバクガラス属

体は小さく、体長は約 19cm。嘴は少し曲がっており黒色。頭部及び体の背部は灰色、体の下側部分は白い。また、眼の周りには黒い模様がある。中央の尾羽は褐色でその縁は黄白色である。脚は比較的長く黒色。標高 4000 〜 5500 m の木や草の低い平原や山のふもとに生息している。ヤクの牧場やネズミやウサギの巣穴を巣とし、飛行を得意としない。チベット高原や新疆ウイグル自治区の西南部などに隣接する省や国分布している。

Corvus corax

漢名：渡鴉（ワタリガラス）

カラス科　カラス属

体はやや大きく、体長約 66cm。全体的に黒いため冷酷な印象を受ける。嘴は太く大きく、嘴の上部の付け根には発達した雨覆があり、嘴上部のほぼ半分を覆っている。頭頂はやや平たく、喉にはまばらに羽が生えている。翼の前部から中部にかけてはやや青みを帯びており金属のような光沢がある。また尾は短く楔形で、脚は黒色。つがいまたは小さな群れで活動し、飛翔は力強く、自由に羽ばたいている。ワタリガラスには光っている小石や金属を盗み収集する癖があるようだ。中国北部や西部、チベット高原の拓けた山間に分布している。

Calandrella acutriostris

漢名：細嘴短趾百靈（ヒマラヤコヒバリ）

ヒバリ科　コヒバリ属

体は小さく、体長約14㎝。嘴はやや太く、オレンジ色で先端部は黒褐色。頭部及び頸部は淡い黄色で、頸部の側面に小さな斑点がある。また眼の周りには薄い灰色の眉があり、体の背面は灰褐色で黒い縦縞が少し入っている。翼は灰黄色、胸と腹は淡い灰色、脚は淡い赤褐色である。標高3600～4900mの岩場や草の多い乾燥した平原に生息している。中国北部から西部に分布し、チベット西部でよく見られる。

Alauda gulgula

漢名：小雲雀（タイワンコヒバリ）

ヒバリ科　ヒバリ属

体は小さく、体長約15㎝。体にはまだら模様が無秩序にあるが、ティアラのような冠羽があるため気品があるように見える。嘴は比較的太く、薄いねずみ色で、眼のまわりには眉がある。冠羽と胸、背中、翼はどれも黒く、灰黄色のまだら模様がある。腹は薄い灰色、尾は短く黒褐色、脚は肌色になっている。大小さまざまな草が生えている拓けた地域に生息し、木の上では生活しない。中国南方の広い地域に分布している。

第1章　**鳥類**

Eremophila alpestris

漢名：角百靈（ハマヒバリ）

ヒバリ科　ハマヒバリ属

体は小さく、体長約16センチ。オスの嘴は灰色で、頭部のまだら模様がユニークだ。後頭部には特徴的な黒い「角」があり、目先から下に向かって黒い線が入っている。眼の上と後ろ側は白色。喉もまた白色で、体の背部及び翼は淡褐色。胸の上部にははっきりとした黒い線が入っており、下部と腹は白い。また両脇には褐色の縦縞が入っており、脚の近くは黒色。写真はメスで、まだら模様がオスに似ているが「角」は無い。標高の高い乾燥した平原や寒冷の荒地で繁殖し、冬になると標高の低い草地や湖岸に渡ってくる。中国北方部やチベット高原に分布している。

Phylloscopus griseolus

漢名：灰柳鶯（オリーブムシクイ）

ムシクイ科　ムシクイ属

体は小さく、体長約11センチ。嘴は短く黄褐色で先端は色が濃くなっている。眼の上部には黄緑色の眉があり、頬は白い。また頭部と体の背部、翼、尾は灰褐色で、喉と胸、腹は淡い黄色、胸の側面は淡い灰褐色になっている。石の堆積した山のふもとに多く、蛾の幼虫などをエサとする。新疆ウイグル自治区や青海省などで繁殖し、インドで冬を越す。

Troglodytes troglodytes

漢名：鷦鷯（ミソサザイ）

ミソサザイ科　ミソサザイ属

体は短くふっくらとしていて体長約10センチ。可愛い松ぼっくりのような見た目をしている。嘴は比較的長く鋭く黒褐色である。頭部は暗褐色の羽毛に覆われている。背面と翼はこげ茶色で細く短い横線が入っており、翼の縁には白いまだら模様がある。尾は短く茶色、脚は比較的長く褐色である。針葉樹林に生息し、よく飛び跳ねて移動している。短い距離を飛行し、主に昆虫やクモを食べる。中国の広い地域に生息し、北方に生息する個体は華東や華南に渡って冬を越す。

Turdus maximus

漢名：藏鶇（チベットクロウタドリ）

ツグミ科　ツグミ属

体長は約30センチ。オスは全体的に黒く、キバシガラスに似ていて嘴は黄色いが、眼の周りが黄色く、脚は黒い。またメスは体の上部は黒褐色で下部は暗褐色、嘴は暗い緑黄色や黒で、脚は褐色。標高4000メートルほどの高原に生息し、落ち葉をひっくり返してミミズなどの無脊椎動物を食べるが冬は果実も食べる。中国チベットでよく見られる。

第 1 章　鳥類

Luscinia pectoralis

漢名：黒胸歌鴝（ムナグロノゴマ）

ヒタキ科　サヨナギドリ属

体は小さく、体長約 15 センチ。雌雄で色が異なる。オスの頭頂は灰色で目の上下には白い模様がある。嘴は細く黒色、喉はオレンジ色、頬と胸ははと羽色、背面と翼は灰色、腹部は白色になっている。また尾はやや長く黒褐色で、脚は黒い。メスはオスより褐色が強く、喉は白、胸は灰色である。夏は亜高山帯の森林や灌木地帯に生息し、冬はやや標高の低い地域へ渡る。オスは良く枝に停まって泣いており、非常に美しい。中国の中部や西部、西南、チベット東南に分布している。

Phoenicurus erythrogastrus

漢名：紅腹紅尾鴝（シロガシラジョウビタキ）

ヒタキ科　ジョウビタキ属

体は小さく、体長約 18 センチ。オスは色鮮やかで、頭頂は薄い灰色、嘴は細く短くて黒光りしている。また頬や体の背部、翼の前部は黒色で、翼の中部には大きな白いまだら模様がある。胸、腹及び尾は赤褐色で脚は黒色。メスの体は黄色っぽく、翼は模様の無い褐色、尾は栗色をしている。標高 3000〜5500 メートルの石の多い荒野に生息している。性格は臆病で人間には近寄らない。動物の死体の上で昆虫などのエサを探していることもあり、また寒さに強い。中国西部や西北、西南、チベット東南に生息している。

Phoenicurus frontalis

漢名：藍額紅尾鴝（ルリビタイジョウビタキ）

ヒタキ科　ジョウビタキ属

体は小さく、体長約 16 センチ。オスの頭部は濃い藍色で嘴は細く短く黒光りしている。頸部と体の背面、翼の前部は暗い藍色で、そこに黄褐色の細い模様が入っている。翼の中部から先端部までは黒褐色で羽の縁は黄白色になっている。また、腹、臀部、背中及び尾羽はオレンジ色で、脚は黒色。メスは全体的に灰褐色で、眼の周りが黄色い。灌木地帯に生息し、単体で活動することが多い。尾は上下に動いており、昆虫や木の実をエサとする。中国中部や西南、チベット高原に分布している。

Saxicola maurus

漢名：黒喉石鴝（ノビタキ）

ツグミ科　ノビタキ属

体は小さく、体長約 14 センチ。オスの頭部と翼は黒色、体の背面は濃い褐色、頸部の側面と翼には大きな白いまだら模様がある。また腰は白、胸は茶色、腹部は白、嘴と脚は黒色をしている。メスは比較的暗い色をしているが黒い部分はなく、体は黄土色で、翼には白いまだら模様が少しある。拓けて農地や花畑、やぶに生息し、低木の枝から地面に飛び降りてエサをとる。中国北方やチベット高原で繁殖し、冬は海南島を含む中国南部で過ごす。

43

第1章 **鳥類**

Phoenicurus ochruros

漢名：赭紅尾鴝（クロジョウビタキ）

ヒタキ科　ジョウビタキ属

体は小さく約15センチ。嘴と脚は黒色だが、雌雄で羽の色が異なる。オスは頭部、喉、胸の上部、背、両翼、尾羽の中央が黒色で、頭頂部が灰色、胸の下部と腹部、尾の下側の雨覆、腰、外側の尾羽は茶色である。メスは全体的に褐色で、尾羽は淡い茶色。夏は高い山の灌木地や草原に生息し、冬は家屋の周りや農地で活動する。しばしば止まり木の上で鳴いている様子が見られる。チベット高原や省や区に隣接した地域に生息し、冬は中国南方へ渡る。

Oenanthe deserti

漢名：漠䳭（サバクヒタキ）

ヒタキ科　サバクヒタキ属

体は小さく、体長約14センチ。オスは顔の側面と頸部、喉が黒い。頭頂と背中は褐色で、胸と腹は白色、嘴と脚は黒色になっている。また、メスは頭部の側面に黒斑があり、頸部と喉は白色、翼は灰色である。石の多い砂漠地帯や荒れ地の背の低い植物に生息している。臆病で岩陰に飛んで行って身を隠す。中国西部、北部、中部およびチベット高原に分布する。

Monticola solitaries

漢名：藍磯鶫（イソヒヨドリ）

ヒタキ科　イソヒヨドリ属

体長は約23センチ。雌雄で色が異なる。写真はメスである。オスは嘴、脚が黒色、体は濃い青で、黒と白のうろこ状の模様がある。また翼の縁と尾羽は黒く、腹部及び尾は栗色をしている。メスは体の上部が灰色、下部は黄褐色だが黒いうろこ状の模様がある。突き出た岩場や家屋の柱、枯れ木に停まり地面の昆虫を捕まえる機会をうかがっている。イソヒヨドリは中国各地で見られる。

第1章　鳥類

Cinclus cinclus

漢名：河烏（ムナジロカワガラス）

カワガラス科　カワガラス属

体はやや小さく、体長約20センチ。頭部は褐色で、嘴は細く短く、黒っぽい。顎と喉、胸の上部は雪のように白く、背中と翼は黒褐色、羽の縁は灰色で鱗のような模様がある。また、胸の下部と腹も黒褐色で、尾は短く灰色、脚は褐色である。標高2400〜4250メートルにある森林の中の渓流や拓けた土地の急流に生息している。体は常に上下に揺れており、羽ばたくと羽が光る。泳ぎや潜水を得意とし、渓流の石の下にいるエビやカゲロウ等の節足動物を食べる。中国西北や西南、チベット高原に分布している。

Passer domesticus

漢名：家麻雀（イエスズメ）

スズメ科　スズメ属

体は小さく、体長約15センチ。オスはスズメにかなり似ているが、冠羽と雨覆が灰色だという点、頬が白く黒い斑点が無い点、喉と胸が黒色という点というように比較的多い。またオスは繁殖期に嘴が黒くなるが通常時は黄緑色で先端部が濃くなっている。胸と腹は白色、尾は黒褐色、脚はピンク色をしている。メスは色が淡く、色のついた眉がある。群れで行動することを好み、穀物や昆虫を食べる。通常は人が住んでいる環境に生息しており、中国北方やチベット高原に分布している。

Passer montanus

漢名：樹麻雀（スズメ）

スズメ科　スズメ属

体は小さく、体長は約14センチ。頭頂部と頸部の背面が褐色で、下の方に白い輪の模様がある。嘴は太く黒色、背中と翼の前部は褐色で黒褐色のまだら模様がある。また翼の中部には白い模様が斜めに入っており、翼の端は黒褐色、胸と腹は黄色を帯びた白、脚は赤褐色をしている。イエスズメとニュウナイスズメの違いは頬に黒い斑点がある点と、喉の黒い部分が少ない点である。群れを成して活動し作物を食べる。森林や農村、畑に生息し、中国各地に分布している。

Montifringilla adamsi

漢名：褐翅雪雀（ハジロユキスズメ）

スズメ科　ユキスズメ属

体長は約18センチ。頭部は灰色、嘴は全体的に黄色く先端は黒色。喉は黒色で背中は黒褐色、翼は灰色、翼の端には黒い小さなまだら模様と白いまだら模様が入っている。羽の先端は黒褐色で、胸と腹は白、尾は灰色、尾の根元は白色、脚は黒色である。標高3500〜5200メートルの坂のある場所に生息し、冬は大群で農村付近の耕地でエサを探す。チベットや青海省、四川省西部に分布している。

第1章 鳥類

Prunella collaris

漢名：領巖鷚（イワヒバリ）

イワヒバリ科　イワヒバリ属

体は小さく、体長約17センチ。頭部は灰色、目の周りは濃い黒色、嘴は黒、嘴の黄褐色である。また背中には灰褐色で黒い縦縞があり、翼の前部には白い模様がある。胸と腹は濃い栗色で細く白い縦縞がある。尾は比較的短く濃い褐色で、端が白くなっている。脚は赤褐色。高山地帯の草原や灌木地や岩地に生息している。一般的に単独またはつがいで活動し、しばしば突き出た岩の上に停まっている。中国北部や西部、チベット高原に分布している。

Motacilla citreola

漢名：黄頭鶺鴒（キガシラセキレイ）

セキレイ科　セキレイ属

体長は約18センチ。オスの頭は鮮やかな黄色で、背中は黒もしくは灰色。頸部の後方は黄色くその下に黒い輪があり、腰は暗い灰色である。また、尾の上部の雨覆と尾羽は黒褐色で、尾羽の外側には大きな白い楔形の模様がある。羽は黒褐色で、雨覆の上部と中部の羽、内側の風切り羽の縁には幅の広い白い模様がある。体の下部は鮮やかな黄色。メスの額と頭部側面はくすんだ黄色で頭頂は黄色、羽の端には灰褐色が少し混ざっている。体の他の部分は黒または灰色で黄色い眉がある。体の下部は黄色。湖沼や草原、ツンドラ地帯や柳の木に生息しエサを探す。中国西北、東北、西南、チベット高原、華南など広い範囲に分布している。

Motacilla alba

漢名：白鶺鴒（タイリクハクセキレイ）

セキレイ科　セキレイ属

体長は約 22 センチで体の色は白と黒。頭頂から頸部及び背中にかけて黒色で、嘴も細く黒色。翼の前部は黒色だが縁に近い部分は白色で腹もまた白色である。尾は比較的長く黒色、縁は白色、脚は黒色である。水辺の拓けた地域や水田、渓流、路上に生息し、危険を察した際は飛びながら鳴いて警告する。尾は常に上下に動いている。中国の広い範囲に分布し、大変よく目にする。

Serinus pusiillus

漢名：金額絲雀（ベニヒタイセリン）

アトリ科　カナリア属

体は小さく、体長は 13 センチ。嘴は小さいが太く灰色、頭部及び胸は黒色、額から頭頂にかけては鮮やかな赤色のまだら模様がある。体の背面及び翼は黒く、淡い黄色の線が入っている。また羽の縁と腹部は黄色で腹部には黒褐色のまだら模様が入っている。尾は長く黒褐色、基部の縁は黄色で脚は濃い褐色である。標高 2000 〜 4600 メートルの低木があり岩の多い山道に生息し、地面をつついてエサを探す。新疆ウイグル自治区及びチベット極西部に分布している。写真のベニヒタイセリンは渓流で体を洗っている様子である。まず頭部を水に入れ込み、次に体を左右に振り羽毛を充分に濡らす。それからまた体を震わせしっかりと体を洗い、最後に物干しざおのような場所を選び羽毛を乾かす。

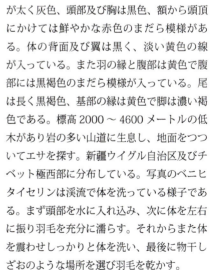

第1章 鳥類

Carduelis carduelis

漢名：紅額金翅雀（ゴシキヒワ）

アトリ科　ヒワ属

体は小さく、体長は約14センチ。頭部及び背中は灰色、嘴は長く肌色、額と眼の前方下側は赤色になっている。また胸と腹は薄い灰色、翼は黒で、羽の縁は鮮やかな黄色になっている。尾はフォークのような形をしており黒色で、先端部には小さく白い斑点があり、脚は褐色である。針葉樹林や混交林、果樹園に生息し、高い所では標高4300メートルに生息している。つがいや小さな群れで活動し、種を食べる。新疆ウイグル自治区やチベット南西部に分布している。

Carduelis flavirostris

漢名：黃嘴朱頂雀（キバシヒワ）

アトリ科　ヒワ属

体は小さく、体長約13センチ。中国語では「黃嘴朱頂雀」と書くが頭頂に赤色は無く、頭部は灰色である。嘴は短く黄色または淡い黄色。背中、胸及び腹には褐色の模様があり、翼は黒褐色、羽の縁は白色でストライプのようになっており、腰はピンクまたは白色。尾は比較的長く黒褐色、脚は黒色をしている。拓けた山岳地域や針葉樹林、混交林に生息し、高い所では標高5000メートルのところでも活動する。また小さな群れで活動し、地面のエサを探す。中国中部及びチベット高原に分布している。

Leucosticte brandti

漢名：高山嶺雀（シンジュマシコ）

アトリ科　マシコ属

体長は約 18 センチ。全体的に色は暗く、頭部は灰褐色、額は黒色、嘴は短く太く黒褐色、腰はピンク色に近い。体の背面は灰褐色で、胸と腹は灰色、翼は黒褐色、羽の縁は白色である。また尾は短く黒色、脚は漆黒。標高の高い岩場や砂利地、沼地の多い地区に生息し、夏季は 4000〜6000 メートルで活動し、冬季は 3000 メートルほどの地域で活動する。中国西部から西北部に分布している。

Carpodacus erythrinus

漢名：普通朱雀（アカマシコ）

アトリ科　マシコ属

体は小さく、体長約 15 センチ。雌雄で体色が異なっている。オスは頭部、胸及び腰は鮮やかな明るい赤色で、嘴は短く太い灰色。背中、翼及び尾は灰褐色で青みがかった赤いまだら模様があり、脚は淡いピンク色である。メスにはピンク色が無く、体の上部は灰褐色、下部は白色、翼には黒い模様が入っている。亜高山帯に生息し、拓けた土地や灌木地、渓流のそばでつがいまたは小さな群れで活動する。中国の北方やチベット高原で繁殖し、冬は南へ渡る。

第1章 鳥類

Carpodacus severtzovi

漢名：大朱雀（シロボシマシコ）

アトリ科　マシコ属

体長は約20センチ。雌雄で体色が異なっている。オスは頭部と胸、腹が濃い赤色で白い斑点が密集しており、腹の白い斑点は比較的大きい。背中と翼、尾は灰褐色で黄色を帯びた灰色の斑点があり、脚は濃い褐色。メスは灰褐色で、灰白色の腹には褐色の縦模様が入っている。またメスの翼と尾はオスに似ている。夏は標高3600～5000メートルの岩場や草地に生息し、冬は集落や田畑がある場所まで降りてくる。新疆ウイグル自治区やチベット高原に分布している。

Emberiza cia

漢名：灰眉巖鵐（ヒゲホオジロ）

ホオジロ科　ホオジロ属

体はやや小さく、体長は約16センチ。嘴は比較的細く短い灰色で、先端部は黒色、頭部には3本のはっきりとした黒い模様が頭頂、眼及び眼の下にそれぞれ1本ずつあり後頭部につながっている。黒い模様の間の毛の色は白い。喉及び胸の上部は灰色で、体の背部と翼は褐色で黒い模様があり、胸の下はと腹はきれいな褐色である。また、尾は比較的長く、褐色や黒色、脚はオレンジ色をしている。最高で標高4000メートルの植物が少なく岩の多い丘陵や坂、谷に生息し、冬は低木の多い地域へ移動する。新疆ウイグル自治区の西部やチベット西南部に分布している。

第2章　獣類

　　チベット西南部のプラン県に属する高地で寒い荒漠地帯の面積は小さいが広大なチベット高原とひとつづきになっているため、よく耳にする哺乳類をこの地域で見ることができる。本書では4目7科11属の計12種を収録しており、その中に中国国家Ⅰ級重点保護野生動物2種（チベットノロバ、チル—）、中国国家Ⅱ級重点保護野生動物3種（チベットガゼル、バーラル、オオヤマネコ）を収録している。
　　チベットガゼルとチベットノロバ、チル—はこの地域を代表する典型的な動物で、個体数も多く簡単に観察できる動物である。また大型の草食動物を除くと、ガリ地区カイラス山付近のマーナサロワール湖がある地域ではタイリクオオカミやアカギツネ、チベットキツネ、オオヤマネコといった肉食動物も一定数観察できる。このような頂点捕食者の存在がこの地域にほぼ完璧な生態系があることの説明となっており、肉食動物は生態系のバランスをとる働きをしている。
　　注目すべき動物としては本地域で直接見ることのできるオオヤマネコが挙げられる。
　　この種はユーラシア大陸に広く分布しているが、行動が隠密なため野生の個体数を正確に計り知ることができない。また、中国北方の森林に生息する小型の有蹄類が彼らの重要な食糧で、さらには大量のノウサギとネズミが彼らの食料資源を充実したものとしている。このような充実した食料資源が彼らの健康を維持している一方で、中国では見かけることが少なくなってきているためしっかりと保護していく必要がある。

▲ ガリ地区の夜空。プラン県多油村。

第 2 章 獣類

▲ 夏のガリ地区では暈を見ることができる。

第 2 章 **獣類**

Marmota himalayana

漢名：喜馬拉雅旱獺（ヒマラヤマーモット）

リス科　マーモット属

体は肥えて水桶のような形を呈しており、体長約 60 センチ、尾は約 13 センチ、体重は約 8 キロ。背中の毛は枯れ色でその中にたくさんの黒い斑点が不規則に並んでいる。吻部は黒色または淡い黒褐色で、耳は円形で黄褐色。四肢は太く短く、前脚には穴をほるのに適した強い爪がある。腹の毛は黄色で、尾は短く平べったい。標高 3500 〜 5500 メートルにある乾燥して雨の少ない草地や低木の続く山の斜面に生息しており、昼行性で主に草などの植物を食べる。基本的に掘った穴の中にいるが、ときおり穴の前に立っているところを見ることができる。また、冬眠の習性もある。主にチベット高原及び隣接した省に分布している。

第2章 獣類

Ochotona curzoniae

漢名：黒唇鼠兎（クチグロナキウサギ）

ナキウサギ科　ナキウサギ属

ナキウサギはウサギよりもネズミに似ており、体は卵のような球形をしている。体長は約15センチ、耳は丸く、尾は隠れているためほとんど見えない。体には柔らかい毛がびっしりと生えており、頭部は茶色や淡い赤褐色で、眼のあたりには灰白色の眉のような模様が入っている。体は灰褐色でそこに黄褐色のまだら模様が混ざっており、腹部は灰白色。また、脚は短く、足の裏にも毛が多い。高地の草原や、荒漠地、草地に生息し、昼行性で冬眠はしない。またナキウサギは草食で、穴を掘って巣を作ることを得意としている。行動もかなり興味深いもので、巣穴の前に立ち「キイッ、キイッ、キイッ」と鳴き、互いに連絡を取り合っているように見える。危険に直面した際にはすばやく穴の中に逃げ、あたりが静まってから穴から顔を出しあたりを見渡す。チベット高原に分布しており、草原でしばしば見かける。

第2章 獣類

Lepus oiostolus

漢名：高原兎（チベットノウサギ）

ウサギ科　ノウサギ属

背は低いがしっかりとした体を持っており、体長は約50センチ、尾は約8センチ、体重は約3キロ。頭部の毛は灰色で、吻部が前へ突き出て細くなっており、眼はオレンジ色、眼のあたりには灰白色の眉のような模様がある。耳は細長く体長の約4分の1を占め、内側は白く柔らかい毛で覆われており、先端部は黒くなっている。背中の部分の毛はこげ茶色で柔らかく、毛の先端はカーブしている。腹部の毛は灰白色、臀部の毛は鉛色で、尾は短く白く柔らかい毛で覆われている。また後ろ脚が長く、しばしば後ろ足で立っている。標高3000〜5300メートルにある草地や、灌木地、荒漠地、針葉樹林に生息している。性格は臆病で、単独で暮らし、主に草本植物を食べる。また夜行性で、日中は石のような形をして景色に同化して休んでいるため見つかりづらい。チベット高原に分布し、比較的よく見かける。

Pseudois nayaur

漢名：岩羊（バーラル）

ウシ科　バーラル属

■ 中国国家Ⅱ級重点保護野生動物

岩や石に似た色をしている。雌雄ともに角を持っており、オスの角は大きくてカーブし、角の表面には不鮮明だが横縞がある。一方でメスの角は短く小さい。オスは体長約150センチ、体高約80センチ、体重は約60キロである。頭は比較的小さくて、眼は大きく、耳は小さい。また、下あごにひげは無い。背中は茶褐色または灰色で、光の反射でやや青く見える。腹部及び脚の内側は白色で、脚の前部は黒褐色、尾は平たく黒色で約18センチある。標高2500～5500メートルの拓けた草の多い山道に生息し、小さな群れを作る。日中に活動し、雑草や地衣類を食べる。またバーラルはユキヒョウが主な外敵である。中国西北部及びチベット高原に分布し、比較的よく見られる。

61

第 2 章 獣類

▲ガリ地区の大地を駆け回るチベットガゼル

▼ガリ地区の草原で群れを成すチベットガゼル

Procapra picticaudata

漢名：藏原羚（チベットガゼル）

ウシ科　ガゼル属

■ 中国国家Ⅱ級重点保護野生動物

体長は約100センチ、体高は約60センチ、尾の長さは約9センチ、体重は約15キログラム。オスには太く短い角があり長さ約20センチで、ふたつの角は平衡に並び、真ん中あたりから後ろに向かってカーブしているが先端はまっすぐ。メスには角が無い。雌雄の毛の色はほぼ同じで、灰褐色の毛で覆われている。また耳は細くとがっており、腹は白色である。尾はふさふさしており黒色で、警戒時には尾を立て臀部の白が見える。山の多い荒漠地や、半荒漠地、草原、灌木地などと言った標高の高い地域に住み、日中に活動して草や若葉、地衣類を食べる。小さな群れで活動し、性格は臆病。また、人を怖がるが車は怖がらず、人が車から降りてくるとすばやく逃げ去る。　チベット高原に分布し、比較的よく見られる。

第2章 獣類

Pantholops hodgsonii

漢名：藏羚羊（チベットチルー）

ウシ科　チルー属

■ 中国国家Ⅰ級重点保護野生動物

形はチベットガゼルに似ているが体が比較的大きく、オスの角がより長い。バーラルに近い種族。体長は約130センチ、体高は約80センチ、尾は約13センチ、体重は約35キログラム。オスはまっすぐで長い戟のような長い角を持っており、長さは約60センチ、先端部が若干前方へ曲がっている。メスは角を持たない。毛の色は雌雄で似ており、沙褐色からやや赤みを帯びた黄褐色、腹部は白色で羊毛のような毛で覆われている。また、オスには顔の部分に黒い斑点があり、上唇には白い斑点がある。冬になると毛の色が浅くなり、遠くから見るとオスは白っぽく見える。寒冷の荒漠地や高原に生息している。イネ科の植物や雑草、地衣類をエサとし、大きな群れを成して生活する。移動の季節になると雌雄が完全に分かれメスは長距離を移動し、オスは彼らが冬を越した地域から短い距離を移動する。主にチベット高原に分布している。長期にわたる密猟の影響で群れの数が激減し、現在ではフフシル保護区で厳重に保護されている。

Equus kiang

漢名：藏野驢（チベットノロバ）

ウマ科　ウマ属

■ 中国国家Ⅰ級重点保護野生動物

ウマに近い奇蹄類の大型動物で、体長は約 260 センチ、体高は約 130 センチ、尾は約 40 センチ。耳は比較的大きく、長さ約 15 センチ、体重は 300 キログラム。頭は縦長で吻部の先端が灰色、鼻孔は大きくその後部は灰白色、額及び頬は茶褐色になっている。またたてがみは短く黒色、背中の部分は暗い茶色で、頸部から尾にかけての背中に黒褐色の線がはっきりと入っている。頸部の腹側と腹部は灰褐色で、四肢は長く灰褐色から淡い茶褐色、尾の毛は先端部が黒褐色である。チベット高原の拓けた地域に生息しており、常に小さな群れを成して湿地で活動し、雑草をエサとする。チベット高原及び新疆ウイグル自治区の南部に分布し、比較的よく見かける。

第 2 章 獣類

Bos grunniens

漢名：野牦牛（ヤク）

ウシ科　ウシ属

金色のヤクは金糸ヤクとも呼ばれ、ヤクの一種である。全身が長い金色や黄色の体毛に覆われている。体は非常に大きく太く、体長は約200〜260センチ、体高は約160〜180センチ、体重は約500〜600キログラム。オスの体はメスよりも明らかに大きい。ヤクの四肢は太く、蹄は大きく円形だが甲の部分は小さくて尖っており、羊に似ている。蹄はかなり固くて力強く、蹄の側面及び前部は堅い縁で囲まれている。足の裏には軟らかい角質があり、体が坂を滑り落ちる速度や衝撃を緩和しているため、険しい山でも自由に走ることができる。またヤクの胸部は発達しており、気管は太く短くイヌ類に似ている。早い呼吸をすることができるため、標高が高い、気圧が低い、酸素の薄いといった高山草原の大気条件に適している。チベットのガリ地区やナクチュ市に分布し、標高4000〜6100メートルの草地や寒地高原に生息している。

第2章 獣類

Vulpes vulpes

漢名：赤狐（アカギツネ）

イヌ科　キツネ属

形はチベットスナギツネに似ており、体は痩せ形で耳が比較的大きく、体長は約75センチ、尾は約40センチ、体重は約5キロである。口は尖っており、脚が細長いためオオカミとははっきりと区別することができる。耳の後ろは黒褐色で、背中と脚の毛は赤褐色、腹部は白色、尾は太くて長くふさふさとした赤褐色の毛があり、先端部が白くなっている。拓けた土地や植物が入り組んでいる灌木地を好んで生息しているが、砂漠やツンドラ、森林、農村などでも見られ、ネズミの穴を住みかとしている。主にウサギやナキウサギのような小型の哺乳類をエサとしており、一般的には夜行性である。また余った食料は貯蔵する習性がある。繁殖期になると厳格な1夫1婦制をとり、赤ちゃんが巣穴の周りで遊ぶ様子が見られる。中国北西部を除き広く分布し、チベットや青海省でよく見られる。

Vulpes ferrilata

漢名：藏狐（チベットスナギツネ）

イヌ科　キツネ属

体長は約60センチ、尾は約26センチ、体重は約4キロ。吻部の背面は淡い赤色で、耳は比較的小さく三角形をしており、耳の裏側は茶色である。頭頂部と頸部、四肢は黄褐色で、背中は赤褐色、腹部は灰白色となっており、体の側面には灰色で幅の広い帯のような模様がある。また尾はふさふさとしており、前半分が灰褐色、先端部が白色になっている。標高2000～5000メートルの草地や荒漠地に生息しており、主にナキウサギをエサとし、昼行性である。常に単独行動で、天然の洞窟をうまく利用する。また繁殖期になると小さな群れを成し、朝夕に活動する。チベットや新疆ウイグル自治区、青海省、四川省、雲南省の北西部に分布し比較的よく見かける。

第2章 **獣類**

Canis lupus

漢名：狼（タイリクオオカミ）

イヌ科　イヌ属

一般的によく知られているイヌ科の動物で、体長は約120センチ、尾は約45センチ。タイリクオオカミはイヌ科最大の種でイヌに似ているが、体は痩せ形で吻部と耳が尖っており、四肢が長く耳と目が前方を向いている。毛の色は黄色を帯びた灰色或いは灰褐色、暗い灰色である。また冬毛には保温性があり、マイナス40℃でも生存可能である。タイリクオオカミの生息する環境は非常に多く、熱帯雨林を除いて山地やツンドラ、草原、荒漠地、標高の高い地域などである。またエサとなる動物も様々で、馬や鹿、羊から鳥、魚、カエルを食べ、時には果物も食べる。タイリクオオカミは昼行性で典型的な社会的動物である。1夫1婦制をとり、父母でともに子供を育てる。一般的に10匹ほどの家族を作るが、群れが共同で獲物をとる様子はあまり見られない。かつて見られたような人間社会にいるタイリクオオカミの姿は基本的に失われており、現在はチベットや青海省、新疆ウイグル自治区、中国の東北に一定数の群れが生息している。

Lynx lynx

漢名：猞猁（オオヤマネコ）

ネコ科　オオヤマネコ属

■ 中国国家Ⅱ級重点保護野生動物

オオヤマネコは他のネコ科の動物とは異なる外見をしており、耳の上にある比較的長い毛と短い尾がその特徴である。体長は約110センチ、尾は約20センチ、体重は約25キロである。頭部は灰色を帯びた黄色、眼は金色で眼の下には白い模様がはっきりと入っており、冷たい表情をしている。背中は淡い黄色で白いまだら模様があり、体側面と四肢は灰白色で黄色のまだら模様がある。また腹部は白っぽく、尾は先端が黒くなっている。山林や草原、高原に生息している。山林では主に小型のシカ、草原ではネズミやノウサギ、ナキウサギなどを獲物とし、キツネやタヌキを待ち伏せしていることもある。夜行性で単独行動をし、その行動はかなり隠密である。新疆ウイグル自治区やチベット、青海省、甘粛省、内モンゴル、黒竜江省、河北省の山地に分布している。

第3章　両生類・爬虫類

　チベット高原は標高が高く、低温で乾燥しており紫外線が強烈でエサも少ないため、高原の両生類や爬虫類は非常に希でその体は高度に特化したものとなっている。本書ではガリ地区プラン県の爬虫類2種（チベットガマトカゲ、ラダックスベトカゲ）を収録している。

　胡淑琴らの記した『西藏両栖爬行動物』では、ラダックスベトカゲは中国ではプラン県、ツァンダ県に分布し、国外ではパキスタン、インド、ネパールなどに分布していると記載されている。またガリ地区の両生類や爬虫類が非常に少ないため、中国国内の学者も未だ専門的な調査や報告をしていない。2010年に出版された『西藏両栖爬行動物多様性』（李丕鵬、趙爾宓、董丙君／著）のなかでも博物館の標本写真しか載せられていない。そのため本書のラダックスベトカゲの写真は中国においてはじめて生態を撮影したものと言えるだろう。

▼カイラス山周辺の地区。夏には雪が解けて滝となっている。

Phrynocephalus theobaldi

漢名：西藏沙蜥（チベットガマトカゲ）

アガマ科　ガマトカゲ属

体長約8センチ（尾を含む）、頭は四角い。体の鱗はきめが粗く、頭頂部及び背中は灰褐色、側面には不規則なまだら模様がある。脚は短くやや太い。腹は淡い黄色で、尾の端3分の1は黒色、上側に巻いていることもある。また体の背面や脚の背面には黒いまだら模様があり、腹は大きくぼてぼてとしている。主に標高3000〜4800メートルの荒漠地や山間部の砂利地、河や湖の沿岸にある砂丘に生息している。ナキウサギの巣穴を巣としており、主に晴れた日の日中に活動し、洞窟の口に伏せて日光を浴びることを好む。主食はコオロギで、目標を発見した際には尾を揺らしながらゆっくりと這いながら近づき、相手が近づいて来たら飛びかかる。チベット東南部や西部、新疆ウイグル自治区西部で見られる。

第3章 　両生類・爬虫類

Scincella ladacensis

漢名：拉達克滑蜥（ラダックスベトカゲ）

トカゲ科　スベトカゲ属

体長は約10センチ（尾を含む）で、頭部は三角形、頭頂部の鱗は比較的大きく、とび色をしている。背中の鱗は小さく、青銅色の光沢があり、不規則にまだら模様が入っている。体側面は茶褐色で帯のようになっており、灰白色の斑点がある。尾はかなり細長く、体とほぼ同じ大きさである。また脚は短く、這う際にはやや縮むため蛇が這っているようにも見える。標高3700〜5000メートルの湖畔にある草地や灌木地に生息している。日中に活動し、晴れた日には石の上に伏せて日光浴をしているが、通常は石の下に隠れ、過酷な低温環境にも適応している。繁殖は卵胎生で、エサとして主に昆虫やクモを食べる。チベット西部で見られる。

第4章　魚類

　「百川の源」と呼ばれるガリ地区には非常に変わった魚類が生息している。Schizothorax plagiostomus は肛門にある鱗が腹部の中ほどから裂けているため中国語では「裂腹魚」と名付けられている。この魚の体長は比較的長く、筒のような形をしており、鱗は退化してつるつるしている。低温な環境に生息しているため、成長は遅く繁殖力は低い。しかし、高原の魚類の生態系は単純で天敵や種族間の争いが激しくないため、現在のところはしっかりと繁殖している。

　また、チベット民族が住む地区には魚を食べないという伝統があり魚類資源の保存に適しているため、カイラス山やマーナサロワール湖旅游区周辺の湖や河川では「裂腹魚」の大群が水中で悠々と泳いでいる。

▼曲普温泉

第4章 魚類

Schizothorax plagiostomus

漢名：横口裂腹魚（オウコウレツフクギョ）

コイ科　裂腹魚属

この魚の特殊な点は肛門としりびれの両側に「臀鱗」という大きな鱗が並んでおり、この鱗の間に隙間があり腹部が裂けているように見えるため、中国語では「裂腹魚」という名前が付けられた。成長すると長く平たくなり、体長は約40センチで、重さは約4キロ。口の部分は円形で上あごが前に突き出ている。オスの吻部には乳白色の突起があるがメスは滑らかになっている。口の下部分には横に裂けている。ひげは短く2対あり、眼は小さく側面上部にある。また全身の鱗は小さく細かい。澄んでいて石の多い河道の深い所に生息し、川底に生えている珪藻を食べる。チベットにのみ分布している。

第5章 昆虫

　標高平均 4500 メートルのチベットガリ地区プラン県の気候は寒冷で乾燥しており、一見すると生命が立ち入れないような場所だが、ベンガル湾からの温かい気流の影響を受け普通とは異なった「第3極生物圏」を作り出している。一方向に向かって進化した多くの種についての研究は非常に少なく、また映像資料もほとんどない。現在、観光地としての開発や地球規模の気候変動に直面しており、本来あるべき生物の多様性についての映像資料が大変貴重なものとなっている。

　本書では5目16科に属する24種の昆虫の写真を収録している。これらの資料には3種のウスバシロチョウ属（チャールトンウスバアゲハ、ハードウィックウスバアゲハ、エパフスウスバアゲハ）が含まれている。このウスバシロチョウ属は高山地帯の象徴種であり、かつ神秘的な形をしているためしっかりと保護していかなければならない。一方で発見された種の分析からガリ地区プラン県には比較的完璧な食物連鎖が残っていることが分かっているため、この地域の生態環境は本来の環境を保ち、環境の破壊はほとんどないということが説明されている。例えばハマダラミギワバエ（Scatella）はユスリカをエサとし、ツチハンミョウ（Pseudabris）やトラツリアブはバッタの卵を食べる。このような食物連鎖によって草むらにいるコオロギなどが植物に与える危害はコントロールされており、またある一定の植物に寄生するチョウやガの幼虫、ハエ、ハチなどが植物に与える影響は大きな被害を与えるには至らない。このようにしてガリ地区プラン県の独特な生態系は動植物の関係のつり合いがとれているため維持されている。

昆虫識別図

昆虫は比較的原始的な動物に近い生物として人間の生活の中に存在している。彼らは何億万年という時間の中で進化と選択を経て、自分自身が環境に適応できるようにその構造や習性を変えてきた。昆虫の外見は多種多様であるが、動物分類学の角度から基本的な特徴を以下にまとめた。

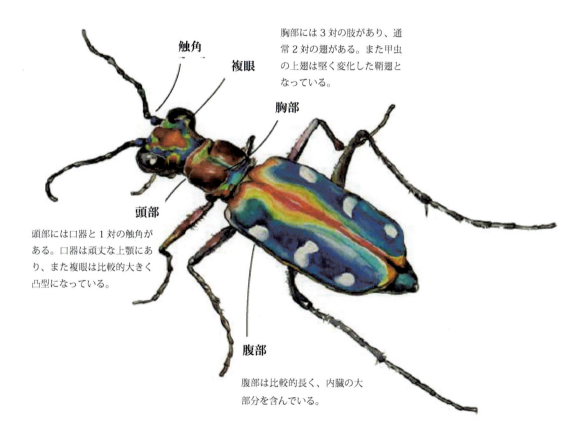

触角

複眼

胸部には3対の肢があり、通常2対の翅がある。また甲虫の上翅は堅く変化した鞘翅となっている。

胸部

頭部

頭部には口器と1対の触角がある。口器は頑丈な上顎にあり、また複眼は比較的大きく凸型になっている。

腹部

腹部は比較的長く、内臓の大部分を含んでいる。

第5章 **昆虫**

▲ 夕焼け雲の浮かぶ「悪魔の湖」ことラークシャスタール湖。「悪魔の湖」とマーナサロワール湖は1本の道で隔たれているだけだが、マーナサロワール湖の生気の溢れている様子とは異なり、静まり返っていて、荒涼としているため「悪魔の湖」と呼ばれている。

第5章 昆虫

▲ 多様な空模様を見せるマーナサロワール湖

第5章 昆虫

Bryodema luctuosum

漢名：白邊痂蝗（バイビエンジアホワン）

直翅目　バッタ科

体長は約33ミリ（翅を含まない）、体は黄褐色で細長い。頭部は長方形でやや小さく、頭頂部の後方は深い藍色、触角は比較的短く黄土色をしている。前胸の背板は前方は狭いが後方にいくと広くなり、後方の縁は尖っていて表面には小さな粒がある。また上翅は細長く黄褐色で暗褐色のまだら模様があり、下翅は大きく付け根が黒褐色で、先端部が青白くなっている。停まっている時の後ろ肢は曲がっていて腿節が翅の中ほどまで伸び、脛節の後ろ半分にはとげがある。広い草原に生息しており、牧草などを食べ、成虫は8月に出現する。中国北方及びチベット高原に分布している。

Locusta migratoria tibetensis

漢名：西藏飛蝗（チベットトノサマバッタ）

直翅目　バッタ科

体長は約35ミリ（翅を含まない）で、体は黄褐色。頭部は円形で褐色の複眼が突き出ており、触角は比較的短く黄土色、触角の先端部分は褐色に近い色をしている。前胸の背板には前方は狭いが後方にいくと広く、後方の縁は尖っていて表面には均一な模様がある。側面は緩やかな弧のような形をしている。上翅は細長く黄褐色で暗褐色のまだら模様があり、末端が透明になっている。また下翅は大きく透明で、付け根は黄緑色をしている。後ろ肢の腿節は黄土色で淡い色のまだら模様があり、脛節はオレンジ色で後半部にとげがある。広い草原に生息しており、穀物や牧草などを食べる。また成虫は8月に出現し、チベット高原で見られる。

第5章 昆虫

Zichya sp.

漢名：懶螽（キリギリスの一種）

直翅目　キリギリス科

体長は約 30 ミリ、頭部は丸く、複眼は突き出ていて褐色で、眼の下は灰白色、頭頂部は褐色、触角は細長く黒い。胸部の背板は広く、正方形に近い形をしておりしわのような模様がある。翅はかなり短く小さい。また腹部は黒褐色で露出しており、メスの腹部の末端には長い剣のような生殖器がある。肢は太く、腿節は肌色で尖ったとげを持っており、脛節は赤褐色である。広い荒漠地や草原に生息し、成虫は 7〜9 月に出現する。主にチベット西部で見られる。写真はメスである。

Pseudabris sp.

漢名：偽斑芫菁（ツチハンミョウの一種）

鞘翅目　ツチハンミョウ科

体長は約 15 ミリ。頭部はやや広く頭部と前胸の背板は黒色で、黒く細い毛で覆われており、触角は長く数珠状になっていて黒色である。鞘羽は黒色でやや柔らかく、前半部には大きく赤いまだら模様があり、漆を塗ったように見える。腹部の末端は露出しており、肢は細く黒い。広い広漠地及び草原に生息し、成虫は 7 〜 8 月頃出現する。中国チベット西部で見られる。

第5章 昆虫

Chironomus sp.

漢名：暗黑搖蚊（ユスリカの一種）

双翅目　ユスリカ科

形は蚊に似ているが血を吸わない。体長は約8ミリで、体は全体的に黒く、透明な翅が1対あり、羽の中央に黒い点が1つある。オスの触角は羽毛のような形をしており腹部はやや細い。メスの触角は絹糸のようで、腹部はやや大きい。また、肢は細長く黒色である。幼虫は高原の湖の浅い所に生息しており、成虫は8月に出現し低木などに停まっている。中国チベット西部で見られる。

Hemipenthes xizangensis

漢名：西藏斑翅蜂虻（チベットツリアブ）

双翅目　ツリアブ科

形はハエに似ているが、翅がやや細長く、体長は約 13 ミリ。背板は黒褐色で黄褐色の柔らかい毛が密集しており、胸部の側面の縁には白く柔らかい毛がある。また腹部の中央近くには白い 1 本の線があり、腹部末端にはやや白い毛が生えている。翅の前半部は黒色で、縁には波打った白い模様があり、翅の後半は透明である。日の当たるところを好み、主に道端で活動する。中国チベット西部で見られる。

第5章 昆虫

Anastoechus sp.

漢名：雛蜂虻（ツリアブの一種）

双翅目　ツリアブ科

体長は約12ミリ。体はやや太く、全身に淡い黄褐色の毛が密集しているが、腹部の毛は黒色でやや長い。頭部には細長く尖った口器があり、複眼は赤褐色である。また、肢は細長く、腿節及び脛節は淡い黄色、足根は黒色である。主に花畑の中で活動し、花の蜜を吸うことを好む。中国チベット西部で見られる。

Dysmachus sp.

漢名：突額食蟲虻（ムシヒキアブの一種）

双翅目　ムシヒキアブ科

体長は約20ミリ。複眼は突き出ていて、触角はやや短く牛の角のような形をしている。頭部の前方には灰色の毛、複眼の側面下側には白い毛が密集している。胸部背板は盛りあがっていて後方の縁に金色の毛が生えている。また、腹部は細長く、各節の縁には金色の毛が生え、翅は透明で端は黒くなっている。主に灌木地に生息し、小型の昆虫を捕食する。中国チベット西部で見られる。

第 5 章 昆虫

Phorbia sp.

漢名：草種蝿（ユーフォルビアバエの一種）

双翅目　ハナバエ科

体長は約 6 ミリ。複眼はとりわけ突き出ており、暗い赤褐色で頭部の大部分を占めている。触角は短く棒状、胸部は灰色で比較的長い毛が生え、腹部は細長く短い毛が生えている。また翅は透明だが、付け根の部分がやや琥珀色を帯びており、翅が様々な角度で反射し瑠璃色を作り出している。肢は細長く黒色。主に灌木地で活動し、中国チベット西部で見られる。

Scatella sp.

漢名：温泉水蠅（ハマダラミギワバエの一種）

双翅目　ミギワバエ科

主に水辺で活動するハエの仲間で、複眼は比較的小さく左右の眼の間の距離がやや長い。眼の上の縁には毛がまばらに生えている。頭頂部と背板には金属のように光り、胸部、背板ともに黒い1対の縦模様が入っていて、その縁にやや長い毛が生えている。翅は楕円形で半透明の煙色、外側の縁には細かいとげがある。また、肢は細長く細かい毛におおわれており、水面を歩くことができるようになっている。大量に群がって水辺にいるユスリカの幼虫を捕食する。主に中国チベット西部で見られる。

第5章 昆虫

Compsilura sp.

漢名：刺腹寄蠅（ヤドリバエの一種）

双翅目　ヤドリバエ科

体から激しい臭いのするハエの仲間で、頭部はやや大きく複眼は暗い赤褐色、後方の縁にやや曲がった毛が1列に並んで生えている。背板は黒褐色、縁は白色で長くまっすぐな毛が密集しており、腹部の真ん中あたりには白いまだら模様がありとげのような長い毛で覆われている。また翅は透明で、縁には細長い毛が生えている。肢も毛で覆われ、やや細長い。成虫は花の蜜を吸い、幼虫は牛や馬などと言った大型の哺乳類に寄生する。主に中国チベット西部で見られる。

Papilio Machaon

漢名：金鳳蝶（キアゲハ）

鱗翅目　アゲハチョウ科

翅を広げると約 80 ミリで、触角は細く短く黒色、胸部及び腹部には黄色から灰色の柔らかい毛が密集している。前翅の縁には黒い帯のような模様があり、そこに 8 個の黄色く丸い模様がある。また翅の付け根は黒褐色で、後翅の黒い帯のような模様には 6 個の三日月型の黄色い模様があり、尾状突起はやや長く黒色である。写真は幼虫で、体の縁に太く黄色の横縞模様と橙色の斑点がある。驚いた時には後方から「臭角」を出し、食べ物は主にセリ科の植物を食べる。キアゲハは中国に広く分布している。

第 5 章 **昆虫**

Parnassius charltonius

漢名：姹瞳絹蝶（カルトニウスウスバシロチョウ）

鱗翅目　アゲハチョウ科

翅を広げると約 75 ミリ。触角は細く短い黒色で、胸部と腹部には灰色の毛が密集している。前後の翅の正面は全て白色で、前翅の縁には暗い灰色の帯のような模様が縦に入っていて、真ん中から端にかけては黒い縦縞がある。また後翅の後方の縁は黒褐色で、縁の近くにひときわ目を引く黒縁でオレンジ色の大きな模様と小さな模様、その下に円形の黒いまだら模様がある。主に高原に生息し、成虫は晴れた日に活動する。新疆ウイグル自治区やチベットに分布している。

Parnassius hardwickii

漢名：聯珠絹蝶（ヒマラヤウスバ）

鱗翅目　アゲハチョウ科

翅を広げると約55ミリ。触角は細く短く黒色で、胸部前方には黄色い毛、背板と腹部には黒い毛で覆われている。オスは前後翅の正面が黄色を帯びた白色で、前翅の縁に灰色の帯のような模様があり、中央あたりに4つの斑点、付け根のあたりに2つの横長の模様、縁の近くに2つの細長い模様、縁の後方中央に黒縁の赤い斑点模様が入っている。また後翅には黒縁の赤い斑点が前方の縁と中央に2つあり、後方の縁の近くには円形の黒い斑点が1列に並んでいる。メスは色がやや濃く、斑点もくっきりとしている。高原に生息しており、成虫は昼間に活動し、花を好む。主に中国チベット西部に分布している。

第5章　昆虫

Parnassius epaphus

漢名：依帕絹蝶（エパプスウスバ）

鱗翅目　アゲハチョウ科

翅を広げると約50ミリ。触角は細く短くて白いリングのような模様があり、胸部前方には灰色の毛、背板及び腹部は黒い毛で覆われている。前後翅の正面は白色で、前翅の縁に煙色の帯のような模様があり、中央には3つの丸く黒い斑点、縁の近くには赤い円形の模様がある。また後翅の付け根、前方の縁、中央に3つの赤い円形の模様があり、後方の縁には矢印のような黒い模様が並んでいる。高原に生息しており、成虫は昼間に活動し、訪花性がある。中国西部に分布し、主に中国チベット西部で見られる。

Colias fieldii

漢名：橙黄豆粉蝶（ダイダイモンキチョウ）

鱗翅目　シロチョウ科

翅を広げると約45ミリ。頭部、胸部及び触角の背面がピンク色をしている。前翅は三角形、後翅が楕円形で、正面はサーモンピンク色、翅の縁には黒褐色の幅の広い帯状の模様があり、裏側はピンク色をしている。前翅の裏側前方の縁には中央が白くなっている黒い斑点があり、後翅の中央には白く大きな斑点がある。またその上にピンク色の縁に囲まれた白く小さな斑点がある。肢は細長く黄色で、後ろ肢の腿節と脛節の裏側がピンク色になっている。成虫は昼間に活動し、花を好み、停まるときには翅を閉じる。中国中部、西部及び西南部に分布し、チベット東南部の林で見られる。

第5章 　昆虫

Aglais ladakensis

漢名：西藏麻蛺蝶（ラダックモンキチョウ）

鱗翅目　タテハチョウ科

翅を広げると約40ミリ。触角は黒くリング状の白い模様があり先端部は黄色、頭部、胸部、腹部の背面には黒褐色の毛が密集している。前翅正面はサーモンピンクや黄色、付け根は黒褐色で小さな金色の鱗片が密集している前翅の端に近い部分にはやや細く黒色の帯状の模様があり、翅の縁の近くには3つの大きく黒い斑点がある。また後翅の縁には三日月型の青い模様が並び、比較的はっきりとした円形の尾状突起がある。成虫は昼間に活動し、訪花性があり、四足で花に停まる。主にチベット高原に分布している。

Argynnis aglaja

漢名：銀斑豹蛺蝶（キンボシヒョウモン）

鱗翅目　タテハチョウ科

翅を広げると約60ミリ。触角は黒色で端がオレンジ色。頭部、胸部、腹部には黄褐色の毛が密集しており、胸部にはやや緑色を帯びた光沢がある。前後翅の正面は黄色で、前翅の端には黒褐色のまだら模様が数個あり、中部には黒い波状の模様がある。また後翅のまだら模様は前翅に似ており、翅の縁には三日月型の黒い模様が並んでいる。成虫は昼間に活動し、訪花性があり、四足で花に停まる。中国北方や西南部、チベット高原などに広く分布している。

第5章 昆虫

Vanessa cardui

漢名：小紅蛺蝶（ヒメアカタテハ）

鱗翅目　タテハチョウ科

翅を広げると約40ミリ。触角は細長く黒色だが先端部は白色。胸部、と腹部の背面には黄褐色の毛が生えている。前後翅ともに三角形で、前翅正面は黒褐色、根元の近くには前方から後方にかけて「3」の字を描くように黄褐色の模様がある。翅の端には数個の白いまだら模様があり、縁の毛は白色になっている。また後翅の正面は黄褐色で、縁には黒い円形の模様が数個あり、後方には黒い三角形の模様がある。成虫は昼間に活動し、地面や腐った木から塩分を吸う。翅は常に水平に広げている。中国の広い範囲に分布し、標高の低い平原から標高4000メートルの高原でもその姿を見ることができる。

Tatinga thibetana

漢名：藏眼蝶（チベットタティンガ）

鱗翅目　タテハチョウ科

翅を広げると約 50 ミリ。触角は黒色だが先端部はさび色で、そこに小さな白い模様がある。前後翅の正面は褐色。前翅の端の半分に黄褐色のまだら模様があり、裏面は灰白色で灰褐色のまだら模様がある。また、後翅の後方の縁に近い部分には灰褐色のまだら模様が数個あり、その中心が灰白色になっている。成虫は昼間に活動し、訪花性がある。停まる際には翅を閉じ、四足で着地する。主に中国西部やチベットに分布している。

第5章 昆虫

Albulina orbitulus

漢名：婀灰蝶（タカネルリシジミ）

鱗翅目　シジミチョウ科

翅を広げると約26ミリ。触角は細く短く、黒と白の横縞模様がある。頭部と胸部には白い毛があり、前後翅は三角形になっている。オスの翅は青く光沢があり、メスは茶褐色である。またオスの後翅の裏側は灰白色で楕円形の白い模様が数個あり、付け根には淡い青色の光沢がある。メスの後翅の裏側も灰白色だがやや暗い。成虫は昼間に活動し、訪花性があり、翅は常に閉じている。主にチベット高原に分布している。

Ammophila sp.

漢名：沙泥蜂（アナバチの一種）

膜翅目　アナバチ科

「腰」の部分がきわめて細いハチの仲間。頭部、胸部、触角及び肢は黒色、複眼はやや大きくカラス色で、頭頂部には黒く柔らかい毛がある。胸部後方の側面には比較的長い灰白色の毛が密集している。腹部は紡錘形で前半部がオレンジ色、後半部が黒色になっている。また肢は細長く、先端が鉤爪状になっている。性格は活発で捕らえたクモやコオロギを麻痺させた後、その体内に産卵し幼虫を寄生させる。主に中国チベット西部で見られる。

第 5 章 **昆虫**

Vespula sp.

漢名：黄胡蜂（クロスズメバチの一種）

膜翅目　スズメバチ科

毒性の強いハチの仲間で、体長は約18ミリ。頭部はやや大きく、金色の毛で覆われている。複眼は黒色で後方に黄色い斑点があり、触角は黒くて曲がっている。胸部前方の縁には黄色い模様、後方の縁には1対の黄色い斑点と黄色い線が入っており、凶悪な顔のようになっている。また腹部は黒く「サツマイモ」のような形をしており、節の部分の後方に黄色い横縞がある。肢は細長く腿節が黒色で、脛節及び足根が黒い斑点を持つ黄褐色となっている。性格は活発で小型の昆虫を捕らえ、噛み砕いて団子を作った後に巣へ持って帰り幼虫へ与え育てる。主に中国チベット西部で見られる。

Bombus ladakhensis

漢名：拉達克熊蜂（ラダックマルハナバチ）

膜翅目　ミツバチ科

全体的に太くて毛が多く、体長は約20ミリ。頭部は黒色で、触角は細く短い。胸部の前後の縁と側面の毛はくすんだ黄色で背板は黒色をしており、翅は半透明で茶色い。また腹部の前半部は黄色で、後半部が赤褐色、中間が黒色をしており、肢は黒色で太く短い。よくネズミやウサギが住まなくなった地価の穴に巣を作る。主にチベット西部で見られる。

第6章　植物

　　チベットガリ地区は標高が高く寒冷な地域に属しており、寒冷や強風といった気候条件が寒さに強い植物を作り出した。その例として、葉が退化あるいは進化している、多肉植物が多い、植物の背が低い、植物の生長周期が短いなどが挙げられる。寒冷地区の植物は群落しており、その構造も簡単である。また、区域内で植物の生息する場所は7つのグループに分けることができる。（岩場、高山草原、湿地、乾燥した草地、湖や川の静水、村落、道路周辺の地区）本書では24科39属47種の植物を収録している。

　　岩場は確かに植物が生い茂っているわけではないが、比較的種の多様性が豊富である。よく見かける植物としてはノミツヅリ属やイワベンケイ属、ユキノシタ属などの典型的な岩場に生える植物が挙げられる。これらは典型的な群落を形成し、またクッション植物として生長する。

　　高山草原は岩場よりもやや標高の低い所で育ち、様々な植物と混生しているため、単一で生えていたり、広い範囲にわたって生えていたりするのを見ることは少ない。またこれらの中でトウヒレンやメコノプシスなどは鑑賞に値する植物である。

　　湿地は湖や川の周りにあり、土に多くの水分を含んでいるため草原のような湿地を作り出している。その中でも典型的な淡水の湿地ではシオガマギク属が、単一種で範囲の広い群落を形成している。

　　乾燥した草地や山の斜面はチベット高原のような標高の高い地区の典型的な環境である。山の斜面から湖畔まで続くこの環境では、主に乾生植物が育つ。その中でもムシャリンドウ属やクレマチス属などが群生している様子が比較的よく見られる。このような環境の中には、広く群生している種もあれば、数株や1株で生息する種もある。またムシャリンドウなどはこのような乾燥した草地に育つ植物の中で鑑賞する価値の高い植物で、乾燥地や山の斜面の美しい景色を形成している。

　　川や湖の静水では環境要素の変化が多いため、ある地区では全く植物が生長しない。その環境に適応した植物としては、ヒルムシロ属やスギナモ属、カヤツリグサ科などの典型的な水草が挙げられる。

　　村落や道路周辺の地区は人間の影響を大きく受けており、スイバ属などがよく見られる。

植物識別図

　植物は地球上の第一生産者であり、生気に満ちたこの世界を支えている。また同時により一層多元化するよう分化していき、人々を魅了させる美しい景観を作り出している。古代より人々は植物の用途を分類し、観察や識別をするために体系化してきた。それが即ち植物分類学である。科学的な専門用語を用いて植物を識別することで、見間違える可能性がかなり低くなり、有毒植物の誤食や薬用植物と混ざる、誤った栽培などを回避することができるだろう。

　本書は植物分類学における6つの外形の特徴（根、茎、葉、花、果実、種子）をもとに記述した。

　1．植物の根はあらゆる部分をまとめて根系と呼び、主に主根・側根型とひげ根型に分けられる。

　2．茎を外形の特徴によって分類すると、喬木、灌木、藤本、草本に分けられる。

　3．葉は完全葉と不完全葉に分けられ、前者は葉片、葉柄、托葉の3部をそなえているが、後者は葉片のみ、または葉柄あるいは托葉を欠いている。葉片はつき方によって対生、互生、輪生に分けられる。また葉柄は葉柄にある葉片の数によって単葉と複葉の2種類に分けられる。複葉は多くの小葉から形成され、小葉の軸上の配列や数の違いによって掌状複葉、三出複葉、羽状複葉に分けられる。さらに葉縁ののこぎりのような形も説明するために重要な点で、浅裂、深裂、全裂などに分けられる。（次ページの図を参照）

　4．花は花弁の数と形によって十字形花冠、蝶形花冠、唇形花冠、筒状花冠、舌状花冠などに分けられる。また、枝上の花の配列によって主に総状花序、穂状花序、頭状花所、輪状集散花序、複散形花序などに分けられる。（次ページの図を参照）

　5．果実は成熟時期と果皮の性質によって、核果、液果、豆果、角果、蒴果、痩果、翼果、堅果などに分けられる。

　6．種子は一般的に種皮、胚、胚乳の3部から形成される。また種子は大きさや形状、色は種によって異なるため、種子の表面にある網状の模様や縞模様、突起などは識別するための重要な特徴である。

第6章 植物

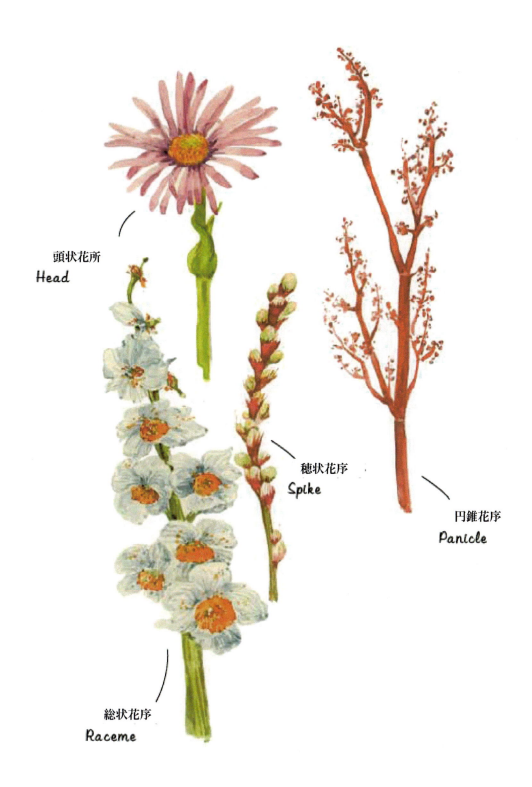

113

第6章 植物

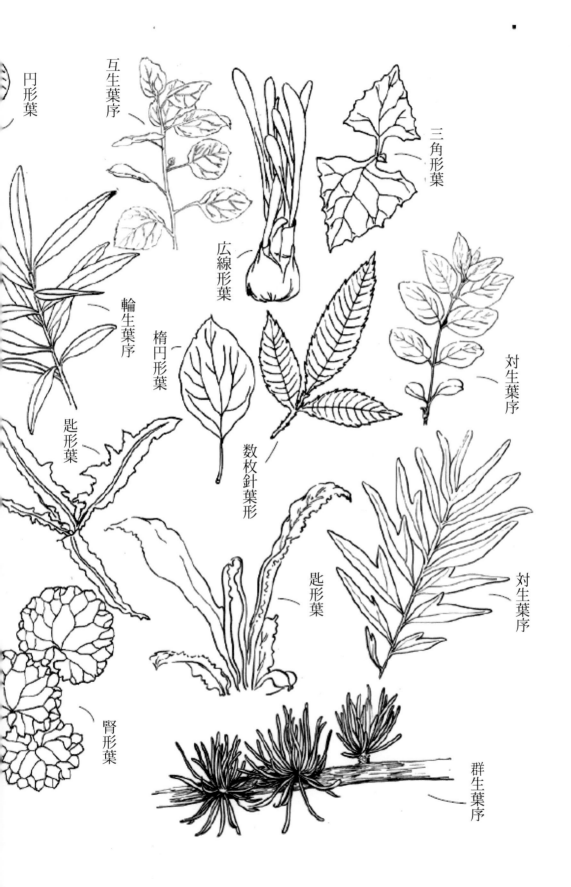

第6章 **植物**

▲グルラ・マンダーダ山とマーナサロワール湖

Juniperus sp.1

漢名：刺柏属某種Ⅰ（ビャクシンの一種）

ヒノキ科　ビャクシン属

低灌木の常緑樹。枝は赤褐色で円柱に近い形をしており、地面を這うようにして生えている。葉は小さく肉質、楕円状の披針形で3葉輪生である。雌雄異株で、雌花の球花は球形をしており、輪生した3枚の鱗片がある。また球果は液果状で、これも球形をしている。標高が高い山地のやや乾燥した地域に生息し、中国チベット西部原産である。

Urtica sp.1

漢名：蕁麻屬某種Ⅰ（イラクサの一種）

イラクサ科　イラクサ属

1年草で、茎と葉には刺毛がある。葉は対生葉序で、葉の縁はギザギザしている。花は葉腋から生じ、いくつかの花が集まって団散花序となっている。花は小さく球形に近い形をしており、花弁は紫や黄白色をしている。また花は8月頃に咲き、果実は痩果である。標高の高い山地の渓流の周りに生えており、中国チベット原産である。

117

第6章 # 植物

Fagopyrum esculentum

漢名：蕎麥（ソバ）

タデ科　ソバ属

1年草で、茎は直立しており、高さは約65センチ。枝の上部は緑色で毛は無い。葉は三角形をしており、長さ約6㎝、幅約4センチで先端が尖っている。花序は総状花序で頂生または腋生。小さな花がいくつか咲き、花弁は深く裂けていて、白色や薄紅色をしている。また果実は卵形の痩果で3つの尖った角があり、先端も尖っていて、色は暗褐色である。花は5〜9月に咲き、実は6〜10月になる。中国各地で栽培されているが、野生のものは荒れ地や道端で育ち、中国チベット西部でも見られる。種子にはでんぷんが豊富に含まれており食用として用いられ、茎などは高血圧の治療に一定の効果があるとして薬としても用いられる。

Polygonum sibiricum

漢名：西伯利亜蓼（ポリゴナム・シベリア）

タデ科　タデ属

多年草で、高さは約20センチ。地下茎は細長く、茎は斜立あるいは直立に近い状態で、枝の基部は白く毛が無い。葉は長楕円形をしており、長さ約10センチ、幅約2センチで先端がやや尖っている。付け根は楔形をしており、葉縁にのこぎりのような形は無い。また花序は円錐状で頂生。小さな花がまばらに咲き、花弁は5枚、黄緑色で紫色のおしべと鮮やかな対比をなしている。果実は卵形の痩果で3つの角があり、黒色で光沢がある。花、果実共に6〜9月頃で、標高30〜5100メートルの道端や湖の周り、川、湿地、アルカリ性の土壌で育つ。中国北方及び西南部が原産で、中国チベット西部でも見られる。

第 6 章 植物

Rheum moorcroftianum

漢名：卵果大黃（モオルクロフチアヌム・ダイオウ）

タデ科　ダイオウ属

（上図）平たく背の低い植物で、茎が無い。葉は3〜6片あり、円錐状についている。また葉は革質で、卵形をしており長さ6〜12センチ、幅4〜8センチ、先端は尖っていて葉縁には鋸歯がないが、葉縁が暗い紫色になっている。花は2〜3個あり、長さ約10〜15センチの総状花序で、色は黄白色かやや赤みを帯びた色になっている。また果実は幅の広い卵形で、幼果は薄紫色をしている。花は7月、果実は8〜9月頃。標高4500〜5300メートルにある砂礫地や河原の草原で育ち、その幅の広い葉の下は小さな昆虫の住みかとなっている。中国チベット西部及び中部原産である。

Polygonum tortuosum

漢名：叉枝蓼（ポリゴナム・トルツオーサム）

タデ科　タデ属

（左図）半低木で根は太い。茎は直立しており、高さは約50センチ、赤褐色で毛は無く、枝はフォークのように分かれている。葉は長い卵形、長さ約4センチ、幅約2センチで革質をしており、先端は尖っている。基部は円形で、葉縁には鋸歯は無く、全体的に波打っている。花序は円錐状の頂生で、数十個の小さな花が隙間なく並び、花弁は5枚で白色。果実は卵形の痩果で角が3つあり、長さは約3mm、色は黄褐色である。花は7〜8月頃、果実は9〜10月頃。標高3600〜4900メートルにある山の斜面の草地や谷間、湖の岸に生息している。中国チベット原産である。

121

第6章 **植物**

Chenopodium album

漢名：藜（アカザ）

アカザ科　アカザ属

（上図）1年草で高さは30〜150センチ。茎は直立していて太く、縁に緑色或いは赤紫色の線が入っており、枝が多く斜め上に向かって生えている。葉は卵形で長さ3〜6センチ、幅2〜5センチ。先端は尖っていて葉縁は赤紫色をしている。花は枝の上部に穂状に並んでおり、花は小さく、花弁は5枚で先端がややへこんでいる。また果実と種子は豆状で光沢のある黒色をしており、表面にはしわがある。花、果実共に5〜10月頃。道端や荒れ地、あぜ道に生息しており、中国の様々な省に分布している。薬草としても用いられ、下痢止めやかゆみ止めの効果がある。

Rumex nepalensis

漢名：尼泊爾酸模（キブネダイオウ）

タデ科　スイバ属

（左図）多年草で根は太い。茎は直立し、高さは50〜100センチで赤褐色をしており毛は無い。葉は長楕円形、長さ10〜15センチ、幅4〜8センチで先端は尖っており、葉縁に鋸歯は無い。花序は円錐花序で、花が串状についている。また花弁は6枚で赤紫色をしている。果実は痩果で3つの角があり、光沢のある褐色をしている。花は4〜5月頃、果実は6〜7月頃。標高1000〜4300メートルの山道や、谷間の草地に生息する。中国中部及び西部やチベット高原が原産で、根と葉は薬としても使用され、止血や痛み止めの効果がある。

第6章 植物

Clematis tenuifolia

漢名：西藏鉄線蓮（チベットテツセンレン）

キンポウゲ科　センニンソウ属

（上図）つる植物で、茎は縦長で長さ約3センチ。葉は羽状複葉で、小葉は披針形で柄があり縁の中部が裂けている。長さは1～4センチ、幅は約1cmで頂端が尖っている。花は大きく単生、がくは黄褐色で4枚あり幅が広く長い卵形をしている。花ががくからとれて落ちると密集した柔らかい毛が露出する。また果実は痩果で幅の狭い倒卵形をしている。花は5～7月、果実は7～10月頃。標高2210～4800メートルの山あいの草地、灌木地、河原、どぶなどに生息している。原産は中国チベット南部から東部及び四川省西南部である。

Suaeda corniculata

漢名：角果碱蓬（スアエダ・コルニクラタ）

アカザ科　マツナ属

（左図）背の低い1年草。茎は緑色で横に伸び、枝は細く斜めに生え、やや曲がっている。葉は比較的小さく、長方形のような形をしており、半円柱状で先端は尖っている。花は団散花序となっており通常3～6個の花がついていて、枝の先は穂状花序をなして並んでいる。花弁は5枚で赤紫色。果実は胞果で円形をしており、果皮と種子が簡単に離れるようになっている。花、果実共に8～9月頃。アルカリの土壌や荒漠地、湖の周辺、河原などに生息している。原産は中国北方及びチベット高原。

第6章 植物

Delphinium kamaonense

漢名：光序翠雀花（デルフィニウム・カマオネス）

キンポウゲ科　デルフィニウム属

多年草であり、茎の高さは約35センチで枝がある。葉はフォーク状に裂けていて、長さ約3センチ、幅約5センチ。花序は総状花序で多くの花をつける。がくは5枚で濃い青色をしており、形は楕円形。後ろの面は尾のように伸びており、やや上に向かって曲がっている。花弁は短く、前部が濃い青色、基部が鮮やかな黄色をしている。花は6〜8月頃。標高2800〜4100メートルの山地にある草原に生息している。原産地はチベット南部または西南部である。

第6章 **植物**

Corydalis sp.1

漢名：紫菫屬某種Ⅰ（キケマンの一種）

ケシ科　キケマン属

（上図）多年草。主根は円柱状になっており、茎は枝分かれして斜めに生えている。葉は互生葉序で掌状に裂けている。花は頂生で総状花序。花弁は4枚で黄色く、先端が伸びており、後部が筒状で管のような形をしている。また果実は円柱状の蒴果、種子は腎形で茶褐色をしている。花は7～8月頃。標高の高い山に生息する。原産地は中国チベット西部。

Delphinium pulanense

漢名：普蘭翠雀花（デルフィニウム・プルーン）

キンポウゲ科　デルフィニウム属

（左図）多年草で茎の高さは約15センチ、花序には白い毛が生えている。葉は放射状に裂け、長さ2～4センチ、幅4～9センチで披針形をしており、葉の両面にも白い絨毛がある。葉の柄の基部は細く、青色になっている。花は総状花序で10数個の花が密集し青色の管のようになっており、がくは濃い青色で毛が無く楕円形に近い形をしている。また花弁にも毛は無く、頂端がややへこんでいる。花は7～8月頃。標高5000メートルあたりの岩の多い山地に生息している。中国チベットプラン県地区が原産である。

129

第6章 植物

Meconopsis horridula

漢名：多刺緑絨蒿（メコノプシス・ホリドゥラ）

ケシ科　ホリドゥラ属

1年草で、全体が淡い黄色の硬く平たい棘で覆われている。主根は太くて長い円柱形。葉は披針形をしており、長さは5〜12センチ、幅は約1センチ。葉縁に鋸歯の形は無く、先端は尖っていて、基部に行くとだんだん細くなり柄になる。花柄の長さは10〜20センチで赤褐色。花は単生で花柄の先端に咲いており、やや下に垂れ、直径は約4cm。花弁は5〜8枚で倒卵形をしており青紫色。蒴果も倒卵形をしており、錆色の平たく曲がっている棘で覆われている。また種子は腎形。花、果実共に6〜9月頃。標高3600〜5100メートルの草地に生息している。原産は中国甘粛省西部、青海省東部及び南部、四川省西部、チベットである。

第 6 章 **植物**

Draba winterbottomii

漢名：棉毛葶藶（ドラバ・ウインタボトミ）

アブラナ科　イヌナズナ属

多年草で群生する植物。根と茎は枝分かれしており、茎の下部は地を這うように枝分かれして生えている。茎は直立しており、高さ2〜6センチで白い毛で覆われている。葉は密集していて瓦のように生えており、長楕円形をしていて、長さ4〜10ミリ、幅1〜2ミリで両面に白い毛が生えている。花は総状花序で小さい花が数個あり、花弁は白く倒卵形をしている。また果実は角果で毛があり、平たくまっすぐ。花、果実共に7〜8月頃。標高5000〜5200メートルの草地に生息している。原産は中国チベットのプラン県。

133

第6章 # 植物

Rhodiola sp.1

漢名：紅景天属某種Ⅰ（イワベンケイの一種Ⅰ）

ベンケイソウ科　イワベンケイ属

多年草。根は肉質で茎は枝分かれしておらず、葉が多い。葉は細く短く、互生葉序の針形葉で肉質。花序は頂生で小さく赤い花が数個ついている。また花は放射状についている。果実は袋果で種子が多い。花、果実共に7～8月頃。標高の高い岩場に生息しており、中国チベット西部が原産である。

Lepidium capitatum

漢名：頭花独行菜（レピデゥウム・カピタツム）

アブラナ科　マメグンバイナズナ属

1年草で茎は地を這うように生えているか直立で枝分かれしており、長さは約20センチ。葉は羽状で半分裂けており、長さ2〜6センチで基部に向かってだんだん狭くなり柄になる。裂けた葉は楕円形で、頂端は尖っている。花は総状花序で腋生だが、数個の花が密集し頭状に近い形をしている。花弁は白く倒卵状の楔形をしている。また果実は楕円形で平たく、種子はやや小さい卵形で肌色。花は5〜6月頃で、果実は7〜8月頃。標高の高い山地に生息しており、青海省、四川省、雲南省、チベットが原産地である。

第6章 植物

Rhodiola sp.2

漢名：紅景天属某種Ⅱ（イワベンケイの一種Ⅱ）

ベンケイソウ科　イワベンケイ属

多年草。根は肉質、茎は枝分かれしておらず赤褐色で地面を這うようにして生えている。葉は細く短く、互生葉序。また肉質で長針状をしている。頂生で小さなピンク色の花が数個咲き、花弁は5枚で長い三角形をしている。果実は袋果で種子が多い。花、果実共に7〜8月頃。標高の高い岩場の石の上に生息しており、中国チベット西部が原産である。

第6章 植物

Saxifraga tangutica

漢名：唐古特虎耳草（サキシフラガ・タングティカ）

ユキノシタ科　ユキノシタ属

（上図）多年草で群生し、高さは5〜30センチ。茎は褐色で柔らかい渦巻き状の長い毛で覆われている。基部に生えている葉は長円形で先端は尖っておらず、縁には柔らかい渦巻き状の長い毛がある。茎に生えている葉は披針形で腹面には毛が無いが、背面と縁には褐色の渦巻き状の長い毛が生えている。花は集散花序で数十個の花がついており、花弁は細い卵形で、前半部は黄色、後半部には赤いまだら模様がある。花、果実共に6〜10月頃。標高2900〜5600メートルの林の下や低草地、高山の草地や石の隙間に生息している。原産は甘粛省南部や四川省西部、チベット高原である。全体を薬草として使用でき、熱さましや食欲不振に効果がある。

Rosularia alpestris

漢名：長叶瓦蓮（ロスラリア・アルペストリス）

ベンケイソウ科　ロスラリア属

（左図）多年草。根は大きく、茎の下部から蓮状に伸びており赤褐色。高さは5〜12センチで直立している。茎は肉質で赤褐色になっており針状。葉は蓮状に生えており長円状の披針形をしている。花は集散花序で数個の花がつき、花弁は6〜8枚で基部がつながっていて濃いピンク色をしている。外側には赤紫色で竜骨状の突起があり、それぞれ長円状の披針形をしている。花は6〜7月頃。標高の高い山地の岩場や灌木地に生息しており、チベット西南部や新疆ウイグル自治区西部が原産地。

第6章 植物

Saxifraga sp.1

漢名：虎耳草属某種Ⅰ（ユキノシタの一種）

ユキノシタ科　ユキノシタ属

多年生で群生する背の低い植物で、高さは約10センチ。茎は短く、葉は長楕円形で柄があり先端は尖っていない。花は茎の上に1輪咲き、花弁は黄色く楕円形や倒卵形、幅の狭い卵形で先端は尖っているかもしくはやや丸みを帯びている。花、果実共に6～9月頃。標高の高い林の下や低草地、高山の草地や石の隙間に生息している。原産はチベット西部。

Potentilla fruticosa var. pumila

漢名：墊狀金露梅（ポテンティラキンロバイ）

バラ科　キジムシロ属

背の低いクッション植物で、密集して群生する。高さは5〜10センチ。葉は小さく楕円形で表面は伏毛で覆われ、裏面は葉脈がはっきりとしており、葉縁は上向きに丸まっている。花は頂生で1輪咲き、直径は約3cm。花弁は5枚で黄色く、幅が広く舌のような形をしており、先端は丸い。花は6月頃。標高4200〜5000メートルの草原や、灌木地及び岩の隙間に生息し、中国チベットが原産。

第6章 **植物**

Astragalus strictus

漢名：筆直黄芪（アストラガルス・ストリクタス）

マメ科　ゲンゲ属

多年草。根は円柱状で黄褐色。茎は直立しており高さは15〜28センチで、白い伏毛がまばらに生え、角があり、枝分かれしている。葉は羽状複葉で20枚ほどの小葉が対生しており、長楕円形で先端は丸い。花は総状花序となり、短い花が多く密集している。花弁は赤紫色で幅の広い倒卵形をしており、先端がやや欠けていて、基部に向かうにつれて細くなる。また果実は豆果で細い楕円形。やや曲がっていて褐色の短い毛がまばらに生え、4〜6個の種子を含んでいる。種子は褐色で腎形をしており、平たく滑らか。花は7〜8月頃で、果実は8〜9月頃。標高2900〜4800メートルの草地や、湿地、岩場及び村や道路、田畑の周辺に生息している。原産は中国チベット東部、南部及び雲南省西北部。

Astragalus tribulifolius

漢名：蒺藜叶黄芪（アストラガルス・トリブイカリラス）

マメ科　ゲンゲ属

根状の茎は長く木質。茎が多く平たく上向きに生えており、長さは6〜20センチで白く短い毛で覆われている。羽状複葉で10数片の円形の小葉があり、先端は尖っているかやや丸く、基部は円形。表面には毛は無いが、裏面には白い毛がまばらに生えている。花は総状花序で密集しており、小さな花をいくつかつける。花弁は赤紫色で先端がやや欠けており、基部の方へ向かうと急に細くなる。果実は豆果で膨張した楕円形で、白く短い伏毛に覆われている。また種子の色は褐色、形は丸みを帯びた腎形で、平たく滑らか。花は6〜7月頃、果実は7〜8月頃。標高3800〜4800メートルの山の斜面や谷に生息し、原産は中国チベット西南部から中部。

143

第6章 **植物**

Oxytropis sp.1

漢名：棘豆属某種Ⅰ（オヤマノエンドウの一種）

マメ科　オヤマノエンドウ属

多年草のクッション植物で、全体が柔らかい毛で覆われている。茎は短く根のようになっている。葉は羽状複葉となり数片の小葉が対生している。花は総状花序で数個の花がついていて、がくは筒状、花弁は紫色でやや長い花柄があり長円形。また果実は豆果で膨張しており長円形、色はピンク色で短く柔らかい毛で覆われている。荒漠地や草原地帯に生息し、中国チベット西部に分布している。

Impatiens fragicolor

漢名：草莓鳳仙花（インパチェンス・フラクコリオール）

ツリフネソウ科　ツリフネソウ属

1年草で高さは30〜70センチ。茎は太く角があり、肉質で枝分かれしておらず毛は無い。葉には柄があり、下部は対生葉序、上部は互生葉序で比較的細長い。花は漏斗状をしており、花弁は薄紫色。また花弁の上部は心形、下部の2片は葉形で基部には紫色の斑点がある。花は7〜8月頃。標高3100〜3900メートルの道端や河原、草むら、河原付近の湿地に生息しており、原産は中国チベット東部と西部である。

第6章 植物

Ceratostigma ulicinum

漢名：刺鱗藍雪花（ルリマツリモドキ）

イソマツ科　ルリマツリ属

（上図）葉が散る低木で、高さは5〜20センチ。古枝は黒褐色、新しい枝は細く赤褐色をしており、短い棘状の毛で覆われている。葉はやや小さく倒卵状の披針形で、先端は尖っており、葉縁には棘がある。花は頂生で、上部の各節の花序が集まって穂状を成している。そこには長い管状の小花がいくつかついており、花弁は青紫色で長楕円形をしており、先端は尖っている。また、果実は蒴果で黄白色、種子は黒褐色で5つの角がある。花は7〜10月頃、果実は8〜11月頃。標高3300〜4500メートルの日の当たる山の斜面や耕地の周りに生息し、中国チベット東南部及び西部が原産地である。

Stellera chamaejasme

漢名：瑞香狼毒（ステレラ・カマエヤスメ）

ジンチョウゲ科　クサジンチョウゲ属

（左図）多年草で高さ20〜50センチ。根茎はやや太く円柱状をしており、表面は茶色、内側は淡い黄色になっている。茎は直立、枝分かれは無く細い。色は緑色で毛は無く、輪生葉序となっており、薄く長円状の披針形をしている。花序は頭状花所となっており頂生で、ラッパのような小さな花を数個つけている。白色の花弁が5枚あり、管状の部分は紫色でいい香りがする。また果実は円錐形、表面は膜質で薄紫色をしている。花は4〜6月頃、果実は7〜9月頃。標高2600〜4200メートルの乾燥し日の当たる草地や芝、岩場に生息している。原産は中国北方の各省や西南部。ステレラ属は毒性が比較的高く、虫を殺すことができる。根は薬となり、去痰、消積、痛み止めの効果がある。

147

第6章 **植物**

Convolvulus arvensis

漢名：田旋花（コンボルブルス・アルベンシス）

ヒルガオ科　ヒルガオ属

多年草で、根茎は横に伸び、茎は平たく巻き付き、上部には柔らかい毛がまばらに生えている。葉は細長く、長さ1〜5センチ、幅1〜3センチで、先端はやや尖っており、葉縁は形が整っていない。花は腋生で、直径約2センチの漏斗状でアサガオのような花が1輪ついており、色は白或いはピンク色である。また果実は蒴果で毛は無い。種子は4粒で卵円形をしており、色は黒褐色或いは黒色。耕地や荒れた草地に生息し、中国北方及び西南部が原産で、中国チベット西部で見られる。薬としても用いられ、血行不良に効果がある。

Lasiocaryum densiflorum

漢名：毛果草（マオグオソウ）

ムラサキ科　マオグオソウ（毛果草）属

1年草で高さは3～6センチ。茎は基部から枝分かれしており、柔らかい毛で覆われている。葉は茎から生えており、長楕円形で両面に毛がまばらに生え、先端はやや丸みを帯びている。花は集散花序で各枝の頂端に花が咲き、花弁は5枚で青色や青紫色、後部は白色で卵円形をしている。また果実は小さな堅果、細い卵形押しており褐色で縁のしわには短い毛が生えている。種子は卵形で背面がやや平たく、茶褐色。花は8月頃。標高4000～4500メートルに石の多い山の斜面に生息している。原産は中国チベット南部から西部及び四川省西部。

第6章 植物

Microula sikkimensis

漢名：微孔草（ミクロシッキム）

ムラサキ科　ミクロシッキム（微孔草）属

2年草。茎は高さ10～65センチで直立している。葉は細い卵形で頂端が尖っており、基部は楔形、中部から先端にかけてだんだんと細くなっていく。花は集散花序で青色の小花が数個ついている。花弁は5枚で円形に近い形をしている。また果実は堅果で卵形をしており、こぶ状の突起と短い毛がある。花は5～9月頃、果実は10月頃。標高3000～4500メートルの草地や灌木の下、林、河原の石の多い草地、田んぼに生息し、広く群生しているため色鮮やかで美しい。中国中部及び西南部に分布し、中国チベット東部と南部で見られる。

第6章 植物

Microula floribunda

漢名：多花微孔草（ミクロフロリバンダ）

ムラサキ科　ミクロシッキム（微孔草）属

茎の長さは 6 ～ 32 センチで短く粗い毛で覆われている。茎の下部には柄があり、葉の上部には柄がない。葉はスプーン形や長楕円形、頂端は円形で基部に向かってだんだん細くなっており、両面が短い伏毛で覆われている。花は腋生または頂生で、枝分かれが多く花もたくさんつける。また果実は小さい堅果で三角状の卵形である。花は 7 ～ 9 月頃。中国特有の植物で青海省、四川省、チベット等に分布している。標高 3300 ～ 3800 メートルの灌木地、山地の草むら、河原の石の多い草地に生息している。現在でも人工栽培は行われていない。

第6章 **植物**

Arenaria bryophylla Fernald

漢名：蘚状雪霊芝（アレナリア・ブリョフィラファナルド）

ナデシコ科　ノミノツヅリ属

多年草で密生しているクッション状の植物。高さは3～5cm。根は太く、木質である。茎は密集しており、基部は木質化し、下部は枯れ葉が密集している。葉片はきり状または線状で、縁は乾膜質。花は鋸歯状に分裂、腺体は大きくはっきりしていて、花弁は全縁。花は6～7月頃。標高4200～5200メートルの河原にある砂礫地、高山の草原や岩場に生息し、中国、シッキム州、ネパールに分布している。

Elsholtzia sp.1

漢名：香薷属某種Ⅰ（ナギナタコウジュの一種）

シソ科　ナギナタコウジュ属

多年草で、茎は直立しいい香りがする。葉は三角形に近い形をしており対生で、葉縁は鋸歯状となっており、全体的にやや丸まっている。花は集散花序となり、紫色の小花が数10個ついていて、麦の穂のように並んでいる。花は8月頃。標高の高い山地の草原や半荒漠地に生息し、中国チベット西部に分布している。

第6章　植物

Pedicularis rhinanthoides

漢名：擬鼻花馬先蒿（ペディクラリス・リナンソイデズ）

ゴマノハグサ科　シオガマギク属

多年草で、背の高さは高低さまざまであり、低いものは高さ4cmほどで開花し、高いものは高さ30センチ以上にもなる。乾燥時にはやや黒くなる。根茎は短く、根は紡錘形やニンジンのような形をしており肉質で、長いものだと7センチほどになる。茎は直立しているかやや湾曲し、1本で生えることもあれば根から数本生えることもある。枝分かれはしておらず無毛で、色は黒色で光沢がある。花は7〜8月頃。海抜3000〜5000メートルに生息し、新疆ウイグル自治区やチベットに分布している。

第6章 # 植物

Pedicularis longiflora var. tubiformis

漢名：管状長花馬先蒿（ペディクラリス・ロンギフロラ）

ゴマノハグサ科　シオガマギク属

背の低い植物で、根は肉質で短く茎も短い。葉は密集していて長い柄があり、披針形で葉縁は羽状に裂けている。花は腋生で唇形。長い管を持ち、花弁は黄色、基部には黒い斑点があり、とさか状の突起の後方に細くてやや丸まったがくがある。また果実は蒴果で披針形をしており、種子は細い卵円形。花は5～10月頃。標高2700～5300メートルの高山にある草原や渓流の河原に広く群生している。原産は中国西南部で、中国チベット東南部や西部で見られる。

Corallodiscus lanuginosus

漢名：西藏珊瑚苣苔（コラロディスクス・ラヌギノサス）

イワタバコ科　コラロディスクス属

多年草。葉は全て基部から生えハスの葉状となっており、外側には長い柄があるが、内側には柄が無い。葉は紙質に近く卵円形、長さ約4センチ、幅約3センチで、頂端は円形をしており基部は楔形をしている。葉縁はやや波うっており、表面には白く長い毛がまばらに生え、裏面には淡い褐色の毛がまばらに生えている。花は集散花序となり枝分かれはしておらず、唇形の花を2〜4個つけている。花弁は薄紫色で、唇弁上部は円形に近い形をしており、先端がやや裂けていて、唇弁下部の端は深く裂け、長円形をしている。また果実は蒴果で線形をしている。花は6月頃、果実は7月頃。標高2100〜3200メートルの谷間や岩場、崖に生息し、中国チベット南部から西南部が原産である。

第6章 **植物**

Codonopsis convolvulacea

漢名：鶏蛋参（コドノプシス・コンウォルウラケア）

キキョウ科　ツルニンジン属

多年草で、根は丸く卵球状をしている。茎は巻きついており、ほとんど直立の状態である。葉は互生葉序で茎の下部に密集し、形は棒状で基部は丸く、頂端は尖っており、葉縁は鋸歯状になっている。花は単生で主茎と枝の頂端に咲き、花冠は5つで楕円形をしており、色は青や青紫色。果実は蒴果で10本ほどの筋があり、毛は無い。種子は極めて多く、長楕円形をしており、茶色で光沢がある。花、果実共に7〜10月頃。また巻きついている茎は長く、1メートル以上になり毛は無い。標高1000〜3000メートルの草地や灌木地に生息し、背の高い草や灌木に巻きつく。雲南

Cousinia thomsonii

漢名：毛苞刺頭菊（コウシニア・トムソニー）

キク科　コウシニア属

2年草。根はまっすぐと伸びている。茎は直立し、高さ30～80センチで上部が枝分かれしている。茎全体が灰白色で、クモの糸のような毛で覆われている。葉は披針形、長さ約12センチ、幅約3センチで、羽状に裂けており、棘状になっている。花は頭状花序となり単生で枝の先に生え、球形に近い形をしており、花の下部に堅い針のような棘がある。果実は痩果で押しつぶされたように平たく倒卵状で、縁の部分に厚みがある。花、果実共に7～9月頃。標高3700～4300メートルの山の斜面にある草地や河原の砂礫地に生息し、中国チベット西部から西南部に分布している。

第 6 章 **植物**

Cremanthodium ellisii

漢名：車前状垂頭菊（クレマントディウム・エリシー）

キク科　クレマントディウム属

（上図）多年草で、根は肉質。茎は直立し単生、高さ 8 〜 60 センチで枝分かれしておらず、上部は灰色の長い毛で覆われ、下部には毛が無く筋が見える。葉は密集しており、幅の広い楕円形をしており長さ 2 〜 19 センチ、幅 1 〜 8 センチで、先端は尖り、葉の縁は鋸歯状になっている。花は単生の頭状花所で、下に垂れている。花弁は放射状につき、形は舌状で黄色く、先端は丸みを帯びていて、また中心の小花は管状で濃い黄色となっている。果実は痩果で長楕円形をしており毛は無い。花、果実共に 7 〜 10 月頃。標高 3400 〜 5600 メートルの岩場や沼地、草地、河原に生息しており、中国チベットや雲南省西北部、四川省、青海省、甘粛省に分布している。

Heteropappus semiprostratus

漢名：半臥狗娃花（ヘテロパップス・セミプロストラタス）

キク科　ハマベノギク属

（右図）多年草で、主根は長くまっすぐで、根からたくさん茎や枝が生えている。茎は横たわっていて基部は常に砂に覆われている。長さは 5 〜 15 センチでやや硬い毛で覆われている。葉は小さく短い棒状で、先端はやや尖っていて、基部に向かって細くなり、葉縁は鋸歯状になっていない。花は単生の頭状花序で、直径が 1 〜 3 センチ。花弁は舌状で青色或いは薄紫色をしており中心の小花は管状で黄色く、冠毛は赤みを帯びた茶色。また果実は痩果で倒卵形をしている。標高 3200 〜 4600 メートルの乾燥した砂地や河原の砂地に生息し、チベット高原に分布している。

第 6 章 **植物**

Saussurea bracteata

漢名：膜苞雪蓮（サースレア・ブラクテアタ）

キク科　トウヒレン属

背の低い植物で、茎の高さは 3 〜 8 センチ。葉は細長い円形、長さ 7 〜 15 センチ、幅約 1 センチで頂端は尖っており、基部に向かって細くなり、葉縁は鋸歯状になっている。花は単生の頭頂花序、花の外側は紫色で白く毛の長い苞片に覆われている。小花は赤紫色。また果実は痩果で濃い褐色をしており長円形。花、果実共に 7 〜 9 月頃。標高 4000 〜 5400 メートルの草原や岩場に生息し、中国チベット西部、青海省、新疆ウイグル自治区西南部に分布している。

Saussurea tangutica

漢名：唐古特雪蓮（サースレア・タングチカ）

キク科　トウヒレン属

多年草で高さは16〜70センチ。根茎は太く、上部は褐色の柄が多数ある。茎は直立しており単生で、色は紫色または薄紫色で白い毛がまばらに生えている。葉には茎から生えた柄があり、楕円形或いは長円形をしている。頂端は尖っていて両面に腺毛があり、膜質で赤紫色をしている。花は頭状花序で小花柄は無い。総苞は幅の広い鐘状で4層になっており黒紫色。小花は青紫色で長さは1センチ。果実は長円形の痩果で紫褐色。花、果実共に7〜9月頃。標高3800〜5000メートルの高山にある岩場や草原に生息し、中国チベットや青海省、甘粛省、河北省、山西省などに分布している。

第 6 章 **植物**

Dolomiaea wardii

漢名：西藏川木香（チベットセンモッコウ）

キク科　センモッコウ属

多年草でハスの葉状になっている植物で茎は無い。葉は基部から生えており、長さ 1.5 〜 7.5 センチで、倒披針形或いは長い倒卵形をしている。花は頭状花序。また果実は痩果で倒円錐状になっており、色は黒褐色。しわがあり、頂端は切形で底側が平たくなっている。花、果実共に 7 〜 9 月頃。標高 3800 〜 4500 メートルの山の斜面にある灌木地や河原の砂礫地に生息し、中国チベット東南部や西部で見られる。

Soroseris hookeriana

漢名：皺叶絹毛苣（ソロセリス・フーケリアナ）

キク科　ソロセリス属

多年草。根は長く垂直に伸びており、倒円錐状で、茎は極めて短い。葉は隙間なく生えており、団散花序の下部に集中して並び、細く短い線形で、葉縁は羽状に裂けている。花は頭頂花序で茎の端に団散花序状に並んでおり、直径は2～9センチで黄色い舌状の小花を多数持っている。果実は痩果で長い倒円錐状をしており、潰されたように平たく、下部は細く、頂端は切形をしている。花、果実共に7～8月頃。標高約5000メートルの草原や灌木地、氷河の崖に生息し、主に中国チベット南部や西部に分布している。

167

第6章 　**植物**

Potamogeton pamiricus

漢名：帕米爾眼子菜（ポタモゲトン・パミール）

ヒルムシロ科　ヒルムシロ属

沈水植物。根は発達しており白色で、枝分かれしており節からひげ根が生えている。茎は円柱形で枝分かれしていない。葉は堅く線形で細長く、先端は丸みを帯びている。花は頂生で穂状花序となり、途切れ途切れで花が数輪並び、花弁は4枚で円形をしている。また果実はたいへん小さく、倒卵形、がくも短い。花、果実7～9月頃。湖や沼の中に生息し、原産は中国チベットや青海省、四川省。

Allium przewalskianum

漢名：青甘韭（アリウム・プルゼワルスキアヌム）

ユリ科　ネギ属

多年草で、独特なネギのような香りがする。球根は細く卵状の円柱形で、外皮は赤く、網状のくっきりとした模様がある。葉は細長く、円柱状。茎は円柱状で高さは約 10 〜 40 センチ。花は散形球状花序で濃い紫色の小花が密集し、花弁は細い卵形をしている。花、果実共に 6 〜 9 月頃。標高 2000 〜 4800 メートルの乾燥した山の斜面や、崖、灌木地、草むらに生息し、中国西北部や西南部、チベット高原に分布している。

第7章 高原・ガリを歩く

TBIS ガリ考察手記

文／沈　鵬飛
壁画撮影／羅　浩　沈　鵬飛

　ガリの荒涼とした土地を歩いていると、「原野」の意味を知ることができる。ガリの高原を歩いていると、「空」との距離を知ることができる。ガリの山や湖を歩いていると澄んだ青と雪の白さを知ることができる。ガリの夜空の下で寝ると静けさを知ることができる。詩人の摩薩はかつて次のような文を残している。「ガリにつくと、まるで人の世を離れて原始世界の広がる別の星に来たような感覚になる。歴史も、時間の概念もないような……これが真の静かさなのだろう。」しかしこの物寂しい星は確かにとても静かではあるが、けっして時間が止まり、歴史が無いわけではない。この広大で物寂しい土地は信仰の中心地であり、文化や宗教、人間の精神世界からかけ離れた場所である。ここにはヒマラヤ山脈、カンディセ山脈、カラコルム山脈があり、語りつくせないほどの物語、広大なグゲ王国、千年寺院托林寺、信仰の中心カイラス山の神秘が存在する。

世界の軸、神の住む山

　私が初めてガリの土地に足を踏み入れた時は馬攸木拉山をぐるりと回って下山した時である。国道 219 号線に沿って西へと向かった。この時、東側は晴れ、西側では雨が降っており、一方では透き通った青空、もう一方では太陽の光で輝く雨粒が見えた。山頂には雨雲と大地とつながった水蒸気の線がはっきりと見え、また雲の間から差し込む光が雨粒をちらちらと光らせ、光の筋と雲霧が大地を覆っていた。

　「神山が目の前に来た。」と同行した隊の友人は言った。しかしこのとき、空ととても近い位置にいたためか厚い黒雲が立ち込めており、両側の草原を除いて周囲の山はほとんど見えなかった。これが私たちが初めてカイラス山とすれ違った時の様子である。カイラス山への思いを携えていたためか、聖湖に沿って進んでいたにもかかわらず私たちの頭の中は神山のことで一杯だった。

　カンディセ山脈とヒマラヤ山脈は平行に並んでいるからか、この山腹ではエベレストが世界の屋根で、カイラス山が世界の中心であるいうことを感じなかった。カイラス山は標高 6656 メートルの雪山で、4 つの宗教（ヒンドゥー教、ジャイナ教、ボン教、仏教）が今でも存在する。数億人の仏教徒やボン教徒、ヒンドゥー教徒、ジャイナ教徒がこの山を世界の中止として崇拝し、信心深く信仰している。

　仏教では威海及び四大洲、八中洲に囲まれた須弥山という世界の中心があり、それがカイラス山だと考えられている『佛学小辞典』では次のように記されている。須弥とは山の名、一小世界の中心なり。妙高、妙光、安明、善積、善高と訳される。凡器世界の最下層が風輪、その上に水輪、またその上が金輪、即ち地輪なり。その上が九山八海、即ち持双山、持軸山、檜木山、善見山、馬耳山、象鼻山、尼民達羅山、須弥山の八山と八海がありそれらは鉄囲山で囲まれ、その中心が即ち須弥山なり。その頂上に帝釈天の住まい、中腹に四天王の住まいがある。またその周囲に七香海七香山がある。その七つ目の山の外側が威海、その外側に鉄囲山がある。このため九山八海と言う。瞻部洲などの四大洲はこの威海の四方にある。

第7章 # 高原・ガリを歩く

　チベットは仏教時代の前にシャンジュン王国が統治したボン教信仰の時期があったため、ボン教の聖地ともされ、カイラス山は「九重雍仲山」と呼ばれて、チベットの地における心の拠り所であった。かつてボン教の360人の神々の魂はここに住んでおり、ボン教の祖であるトンパ・ジェンラプ・ミウォは天からこの山に舞い降りたとも言われている。また、ボン教の僧侶はこの地で修行し、その中の一人が12年カイラス山の洞窟で修業した後に一瞬光って亡くなったという話もある。

　紀元前6世紀から紀元前5世紀の間、南アジアでは仏教と同時期にジャイナ教が起こり、彼らもまたカイラス山を崇めた。このジャイナ教なのだが、漢釈仏典の中では「尼乾外道」「無系外道」「裸形外道」というようにあまり良い呼び方をされていなかった。この宗教は紀元後には「裸形派」と「白衣派」に分裂した。そして中世になると広まるようになり、現在でもその姿が残っている。ジャイナ教ではカイラス山は「阿什塔婆達」、即ち最高の山と呼ばれ、ジャイナ教の開祖ヴァルダマーナが解脱した場所とされている。

　インド人はカイラス山を「カイラーシ」と呼び、シヴァ神の住まいだと考えている。カイラス山は南アジアの北方に位置し、氷河から流れていく水が大地の農作物を育て、人々の身や心を清めている。そのため、山川崇拝が古代インド精神の安息の地と結びつけられた。数千年前のサンスクリット語の文献『ヴェーダ』の中ではこの川の流れが褒め称えられている。「ああインダス川よ、他の川のようにモーモーと鳴く牛が自分の子どもを追いかけ、自分の乳で彼らを育てている。この激しい河の流れの前に立っ

▲楚果寺

たとき、あなたは戦場にいる王のように自分の周りを統率している」「輝き、美しく、打ち勝つことのできないインダス川。幾千もの川を連れ田畑を横切る。とてもすばやく。それはまるで一匹の雌馬が目の前を走り去っていくようである。」……そびえたつカイラス山には雪が積もり、とても神秘的だ。五体投地をするインド人はインダス川の源流がこの山にあるということをはっきりと分かっており、目の前にある宇宙の根源と生命の源に畏れかしこまっている。また彼らは自分の信仰する神々が「カイラーシ」の上に住んでいると考え、数千年に渡ってカイラス山に向かって跪いている。信者の心の中ではガンジス川、インダス川、ブラマプトラ川、ヤルツァンポ川とカイラス山は神聖な関係にあると考えられている。この4つの大河はカイラス山を起源とし東西南北の4方向に流れている。北に流れているのが森格蔵布河──獅泉河（下流はインダス川）。ダイヤモンドが豊富で、飲むと獅子のように勇ましくなれるという。南に流れているのが馬甲蔵布河──孔雀河（下流はガンジス川）。銀の砂が豊富で、飲むと孔雀のように美しくなれるという。東に流れているのが当却蔵布河──馬泉河（下流はブラマプトラ川）。エメラルドが豊富で、飲むと駿馬のように強くなれるという。西に流れているのが朗欽蔵布河──象泉河（下流は蘇累季河）。金が豊富で、飲むと巨象のように大きくなれるという。このように多くの文化、宗教、民族の中においてカイラス山は人々の信仰の中心にあるのだ。この他にカイラス山の自然や、チベット仏教、天へとつながる階段などというのもカイラス山により多くの神秘を与えている。

▲瞑想台で瞑想するインドからの参詣者たち

第7章　高原・ガリを歩く

　私の２度目のガリへの訪問は TBIS の調査が始まった時だった。前回と同じように馬攸木拉山を下ると、雨水と金色に光る台地が私たちを迎えてくれた。この時カイラス山は目の前に広がり、金色の雲が千軍万馬のようにカイラス山に向かって流れ、白い雪の色が太陽に照らされて輝くカイラス山を引き立てていた。日暈と雨水を含んだ雲があり、それはまさに私の思う神山そのものだった。この時の運転手はチベット族の方で、チベット語なまりの言葉でうなるようにある歌詞の意味を翻訳して解説してくれた。「カンディセ神山のふもとに到着し、帽子をとって３回拝むと、母も親戚もみな幸せになる。」彼が話してくれたのは転山（コルラのこと）する人々がみな歌う歌だ。初めてカンディセへ来た彼から並ぶものが無いほどの崇拝と幸福が感じられた。私たちの調査隊は転山をする道のりにいる生物の多様性の調査が目的だったため転山をするグループに参加した。

　山の神に対する崇拝は仏教徒が始めたわけでもなければ、決してその行いに創始者の心が残っているわけでもない。神山を転山するというのには明確で功利的な動機があるのだが、かならずしも仏教の教義が含まれているわけではない。そして大変面白いことに、仏教が定着する過程の中で、仏教はチベットに元からあった宗教のボン教と結合しチベット仏教が形成され、チベット仏教を信仰する人々はボン教と同じように万物に宿る魂を信仰するようになった。人々が神山を畏怖、信仰し、神山が持つ力の庇護を受けたいという希望を持ち、そこから転山を始める。一説によると、カイラス山を１周すると現世での罪が洗い流される。10 周すると「一大劫」の罪が流され、108 周するとすぐに成仏できるようになるという。また午年になると１周が 13 周と同じ価値を持つようなのだが、この話は『時輪経』の釈迦が誕生したのが午年だからというところからきているようだ。したがって毎回午年になると、各地の菩薩、人或いは人でないもの、神或いは神に非ざるものの全てがここに集まるという。さらに、厄年に転山をすると 12 倍の徳を積むことが出来るようだ。転山の起点は神山のふもとにある塔爾欽という小さな町で、塔爾欽はチベット語で「大経幢」という意味があるらしい。この名前の由来は時計回りで転山する際の起点、色爾雄に最も大きい経幢塔があるからだとされている。

　色爾雄大経幢は一本の主経幢とその周りの 20 本の小さな経幢で構成され、正面にカイラス山の南西側が見える。毎年チベット歴のサガダワ節（チベット歴の 4 月 15 日）には経幢を交換する盛大な儀式が行われる。一説によると、この儀式はダライラマ五

世のとき、モンゴルの将軍噶丹才旺がガリを奪還した記念に行ったという。噶丹才旺は勇猛で、戦う前から敵の肝をつぶすような人だったため、彼の大経幢は敬意をもって「瘋旗」と呼ばれ、土地を守ったという寓意がある。大経幢の西側にある噶尼塔は菩提塔の様式で扉が一つあり、遠くから見ると脚の2つある仏塔が立っているように見えるため、「双腿仏塔」とも呼ばれている。どの宗教を信仰しているかに関わらず、転山をする信者たちは皆喜んでこの福のある「神山の門」の下を通っていく。

「神山の門」を過ぎると正式に転山の道へと入る。雪解け水と小石の入り混じった道路はふかふかしていたり、ざらざらしていたりする。撮影器具を担ぎ、標高平均4800メートルの道は決して楽な道ではなかった。傍らを止まることなく、地に頭をつけながらほふく前進をするように通り過ぎていく参詣者に道を譲る。この自分と仏との距離を推し量る方法を見て、私たちは2度と文句は言わなかった。オオコウテンシやメダイチドリなどの鳥と共に道を行くと、両側の山々は奇妙な色をしていて、細い滝がサラサラと岩に落ちてゆく音が聞こえた。もしかするとこれは自然界が念仏を唱えている声なのではないかと思ったが、私たちにはその意味を一切解読することはできなかった。曲古寺や馬鞍石、明王石、「長寿三尊峰」（無量寿佛峰、頂髻尊勝佛

▲カイラス山の転山道にいた子どもたち

第7章 高原・ガリを歩く

母峰、白度母峰）などを過ぎ、私たちは哲日寺の希夏邦馬ホテルへと到着した。

　たしかに名前はホテルとあるが、粗末な作りの小さな宿で、U字型の小さな2階への階段は無かったが、私たちは折よく一階に泊まることが出来た。また古くて壊れかけてはいるが、移動式のプレハブや、簡易テントに比べると全く持って五つ星ホテルのようだった。ここにはお湯もあり、インスタントラーメンもあり、バター茶もあり、そしてまた転山の道のりの中で最も温かい暖炉があったため、私たちは大変満足した。ドアを開ければ神山を見ることができた。その山に向かって、懺悔したり、お願いをしたりすれば世界の中心である神山はきっと罪を取り除き、願いをかなえてくれることだろう。夕暮れ時、私たちが簡単な食事を済ませると厚い雲と共に夜のとばりが下りていったため、私の想像するような満点の星空を見ることが出来ず、少し残

▲カイラス山の転山道―卓瑪拉山口で空に向かってばらまかれる経幢

念だった。静寂な夜はまるで神と対話しているかのように感じられた。もちろん想像の話なのだが、もし対話ができたのなら今すぐに「成仏」できそうだった。明け方になっても太陽の光は感じられず、異常な寒さが地面から感じられた。そして雇った現地の馬方がホテルに集まり、私たちは準備を済ませ出発した。天葬台を過ぎると山道に参詣者たちがいて、そのあたりの石には六字大明呪が刻まれていた。天葬台はカイラス山と向かい合っていて、石の上には衣服などが巻きつけられていた。これは全て転山をしている人々が残していったもので、ヒンドゥー教徒に限らず仏教徒やボン教徒たちは自分或いは家族の衣服を残していくことで神山と親密な関係になって庇護を受けられると信じ、来られない人の衣服などを持ってきているのだ。この衣服で埋め尽くされ、地面の赤い天葬台を通り過ぎるとそこはちょうどカイラス山の目の前で、神山はここから魂を見守っているのだと感じられた。また極楽に行くための階段があって、願いを実現できるような場所でもあるのだと感じられた。ここは薄暗い雰囲気だったが、陽が出ると気持ちよく、しばらく行くと転山の最高点である卓瑪拉山口が見えた。足元は依然としてふかふかしており、一歩足を踏み出すだけで骨が折れた。また、両脇にある山はすでに氷河と平行に並んでいた。またもう少し行くと私たちは石と石の間に到着した。そこには親孝行でないものはくぐることが出来ないという言い伝えがあるのだが、体型関係なく全員くぐり抜けることが出来た。

　山頂につくと先に到着した人々が空に向かって「龍達」をばらまいていた。（注：チベットに住む人々がこの場所を通るときに空中にばらまくお経が書かれた紙で、神山を敬い、福を呼ぶという意味がある。）このとき高度計はすでに5680メートルを指していた。すると突然黒雲が立ち込め、それと同時に風が吹いて万年雪が舞い上がり、見渡すと皆急いでその場から逃げていった。山頂にはシヴァ神の妻が沐浴したと言われている青々とした小さな湖があるのだが、風雪のため私たちは止まる暇もなく、風雪を衝いて氷河や岩場をいっきに降りていったが上着はずぶ濡れになってしまった。カイラス山はまだ雲霧で隠れ、またその姿を見せることはなかった。道を歩いているだけで異なる季節を体験し、私たちはくたくたに疲れていた。しかし転山を信仰している人々はそれでもまだ風雪の中で跪きながら進んでいたので、心の中であなたたちを突き動かすものは一体何なのかと問わずにはいられなかった。山を越えたところにある険しい下山道では川に沿って歩くと、もう一度塔爾欽に到着し、私たちの転山は終わった。しかし転山を続ける人にとってはこれがまた始まりなのかもしれない。

第7章 高原・ガリを歩く

「衰えを知らない」碧玉の湖

　転山が終わり塔爾欽から車でプラン県へ行くとき、私たちは聖なる湖に沿って進んだ。その湖こそがマーナサロワール湖である。チベットでは昔ボン教徒によって「瑪垂錯」と呼ばれていた。言い伝えでは湖底には多くの宝が眠っているため、龍王が「瑪垂」と命名したと言われている。その後ボン教が仏教の勢力に負け、湖の名前がマーナサロワール湖と変わった。

　マーナサロワール湖はチベット語で「永遠に衰えることのない湖」と言う意味がある。有名な探検家スヴェン・ヘディンはかつてこの地に調査をしに来たことがある。彼は湖の面積や水深、他の河川との関係を調査した。またここで1ヵ月生活した彼は湖の周りに建てられた8つの寺院にも赴き、そこで見聞きしたことを『探検家としての余の生涯』の中に記録している。私たちはこの探検家の足跡をたどったのだが、

▲ 調査隊員が夕暮れの「鬼湖」を歩いている。

私たちが行ったことは決して探検ではない。青々とした湖面には水草がゆらゆらと揺れ、鳥が羽ばたき、カイラス山の倒映が映っていた。そこには神山の威厳は無く、青と緑が音符のようで、軽やかな音楽を奏でていた。この時、陽の光や湖の色を見て仙境とはこういうものなのかと思った。

　湖の南側の岸にはカイラス山と向かい合って建っている寺院─楚果寺があり、私たちはそこでインドから来た参詣者たちと出会った。数千年前カイラス山は古代インドの経典の中で次のように褒め称えられていた。「マーナサロワールの土地に身を委ねたもの、その波の中で沐浴をした者はラマの世界へと導かれる。その水を飲んだ者はシヴァ神の宮殿へと昇り、輪廻の輪から解脱することが出来る。またマーナサロワールにいる動物たちも皆ラマの世界へと導かれる。湖はまるで宝石のようで、このヒマラヤの地にはヒマラヤ山脈、カイラス山、マーナサロワール湖と比べることが出来るものなどない。霜が朝露となって消えるように、人々の罪もヒマラヤの願いによって洗い流される。」この経典のなかで述べられているようにカイラス山をまわり、マーナサロワール湖で沐浴し湖畔で瞑想するというのがヒンドゥー教の修行方法で、カイラス山やマーナサロワール湖に来ることだけでも最高の栄誉であったのだ。インドの参詣者たちは楚果寺の瞑想台で座禅をし、神の山に向かって瞑想する。瞑想台のすぐ下にある聖なる湖は波とともに揺れている。湖畔の湿地は鳥類や小型の哺乳類の住みかでもあり、彼らはこの奇跡の土地で仲良く暮らしている。

　マーナサロワール湖と道を１本隔てた向こう側には、鬼湖と呼ばれているラークシャスタール湖がある。マーナサロワール湖とは異なりラークシャスタール湖は塩湖で、「鬼湖」という名前がいつつけられたのかは分からない。ここには寸分の草も生えず、牛などの家畜は湖に入ると溺死してしまい、また人間が来ると天気が突然変わり、風が巻きあがると言われている。しかし私たちがぶらぶらと歩いているときは、風も波も穏やかで、湖面に浮かぶインドガンを見ることが出来た。正と邪の２つの湖が並び、世界万物の両極を表している。遠い昔「聖湖」と「鬼湖」はもともとひとつの湖で、気候の変化によって岸が後退し２つに分かれてしまったといわれており、人々は今でも２つの湖の底は同じだと言っている。同時に「聖湖」と「鬼湖」の間には川床があって、「聖湖」の水が「鬼湖」に流れることもある。そのため人々は、もし金の魚と青い魚が流れていったら「鬼湖」の水は飲めるようになると言っている。

179

第7章 **高原・ガリを歩く**

信仰の星空の下で

　多油村はプラン県に入る前の孔雀河谷の上にある小さな村で、深い谷の両側には草が生えておらず、ゴビ砂漠のような色をしている。しかし河の上にある村には青々とした麦畑は荒れた砂漠にある生命の島のようで、周りを囲む雪山と鮮やかな対比をなしている。谷の上には2つの仏塔があり、空の下に孤独な様子で立っている。この2つの仏塔がある場所には栄えた寺院があったのだが、17世紀にラダックで起きた戦争によって焼失してしまい、今ではこの2つの塔しか残っていない。その後、住民たちがここを修復して村の信仰の中心とした。寺院の名前は面白く、漢訳すると蓮花生大士酒壺寺という。蓮花大士はかつてこの寺で一定期間生活したと言われている。私たちは夕方ここに到着した。夕陽が孔雀河谷をかすめ、赤い仏塔を照らし輝いていたため仏の光のように感じた。日が落ちると、たくさんの星の光で夜空は覆われ、仏塔は物寂しさを醸し出していた。このときの静寂は時間が止まり、ただ銀河が2つの仏塔の間を西側に移動しているだけのように感じられたが、村からのちらちらという微かな光で、ここは人間の世界なのだと気付いた。ここもまた人間と自然が共存する村、自然の闇が全てを飲み込む。人々は光を灯しそれに抗うが、この谷の上では全く力不足であった。星空の下、異なる信仰を持つ人々がこの道を出発し、参詣道を進む。それは戦いで、信仰との戦いであるのだ。

　この村を出て孔雀河谷に沿って進むとプラン県の街に到着する。ここは3つの国の境で街全体が孔雀河谷の上にある。10分ほど歩くと街を1周できるのだが、この街を決して見下すことなかれ。ここはインド、ネパールと隣り合っており古くから3国の伝統的な貿易市場だったのだ。また南アジアへと続く交通の要所でもあり、孔雀河に沿ってヒマラヤを越えると南アジアに到着する。

▲プラン県多油村の青々とした麦畑

第7章 **高原・ガリを歩く**

　プラン県は人々に「雪山に囲まれたプラン」と呼ばれ、ヒマラヤ山脈の北側の山の中にある。雪解け水や日の光によって潤ってガリの食糧庫となり、また3国の国境であると同時に文化の入り交じる場所でもある。有名なネパールのホテル、国際貿易市場、ラダックで起きた戦争の遺跡、諾桑王子の物語、独特な服飾文化などプランは魅力であふれている。プランに住む人々の服装はチベットの他の地区とは異なっており、大胆な飾りつけで色彩が明るい。とりわけ祭日の盛装は、頭から足先まで先祖代々集められてきた黄金、白銀、ターコイズ、メノウ、珊瑚、真珠、田黄石などの宝石で飾られ、重さは10kg以上、日本円にして数十万から数千万円の価値があり、プランの人々の典型的な美意識や価値観を表している。またこの服装はプランの女性にとって重要な服装で、その服を着るとまるで女王になったかのように感じるという。私たちは盛装をする日に巡り合えなかったが、「岩の多い」多油村で籠を背負い家に帰る準備をしている女性に出会った。彼女は白いプルを巻いて、貝殻や珊瑚のイヤリングをしており、民族的な服装の中にも流行を取り入れていた。

　南アジアから来た商人たちは今でもなお渡り鳥のような生活を続けており、夏になると南アジアから羊毛製品、砂糖、紅茶、工芸品などを持ってプランにやって来る。街の高い所にある国際貿易市場では3つの国から来た様々な品物を買うことが出来る。もちろん現代的な貿易市場を想像しないでほしい。そこはただ道の両側に泥にまみれた小屋があるだけなのだ。8月が市場の最も盛んな時期で、インドやネパールに住む人々が様々な特産品や羊毛製品を持ってプランの国際貿易市場に集まって店を開き、インドのサリーや、カシミアのマント、ネパールの毛布、木椀、手作りの器などが売っている国際色豊かな場所となる。

　プラン県からネパールの国境線に向かう途中の拓けた河谷に「コジャ」という小さな村がある。ここには寺院のある伝統的なチベット族の集落があり、現在でも古風な様子が保たれている。村を流れる孔雀河は十数km進むと国境を越えネパールに至る。村にはコジャ寺があり、地名から寺の名前がついたのか、寺の名前から地名が付いたのかははっきりと分かってはいない。『賢者喜宴』、『紅史』、『西蔵王伝記』などの記述によるとコジャ寺は12世紀初めに建てられ、またコジャ寺に関係する興味深い伝説が残っている。村も寺も無い時代、この地は杰瑪塘といい、人の気配のない静まり

▲蓮花生大士酒壷寺

第7章 高原・ガリを歩く

返った場所であった。その北側にある山の斜面では徳の高い大師が修行をしていた。その弟子が毎晩水をくんでいるとき杰瑪塘の中央が光っているのを見た。震えあがるほど驚くのだが、いつも大師にこのことを報告するのを忘れてしまっていた。そこで彼はその出来事を忘れないようにそこにあった石を自分の襟の中へと入れた。その後大師のお茶くみをしているときにその石が転がり落ち、大師はその理由を尋ねた。弟子は素直にその理由を話し、大師はそこへ行ってみるように指示をした。次の日2人の弟子が実際に行ってみると、何やら非凡で世間離れした石が転がっていた。それを見て大師は「これは阿米里噶石だ。この石は珍しいもので、この地が聖地になることを予言している。いつか護法善神がここにいらっしゃるのだろう。」と言った。大師の言った護法善神は後のコジャ寺の主神、文殊菩薩である。吉徳尼瑪滾がかつてガリに来た際に、プラン県の東にあるガル県を基点とし、噶爾東朗欽日山の上に古卡尼松宮を建てた。廓日王は父のこの仕事を引き継ぎ、規模の大きい城壁と色康寺を造った。その王は晩年、査莫林扎巴大師を先生として仏道の道に進み、扎木普でも修業をした。この頃7人のインドの高僧が参詣者の前で仏事を行い、7つの大きな銀の袋を

▲コジャ寺と伝統衣装を着た村民

▲コジャ村の伝統衣装

第7章 高原・ガリを歩く

残していった。驚いた国王は大師にこの袋をどうしたら良いのか尋ねた。すると大師は「これは仏道における礼節で、決して独占してはならない。国王が衆生のために徳を積むべきだということを示している。」と言った。国王は仏教の礼節と大師の教えに従って、ひとまず7つの銀の袋を色康寺にお供えした。

　しばらくして国王は世間にふたつとない護法善神—文殊菩薩を造ろうと考え、7つの銀の袋を持って中国とネパールの国境にある謝噶倉林に行った。そこは山に囲まれ、山頂には雪が積もり、木々が生い茂り、岩がごろごろと転がっている場所だ。王はそこにネパールの職人阿夏哈瑪とカシミールの職人汪古拉を招き、銀を使って文殊菩薩を造らせた。また大訳経者リンチェン・サンポを招き、開眼供養をした。その後護法善神を木の車に乗せ、謝噶倉林からガル県東の城壁へと向かった。その道のりは険しく、岩山や密林、氷河、雪山が前進することを邪魔しているようだった。そして杰瑪塘の阿米里噶石へ到着したところで護法善神は進まなくなった。

　護法善神が進まなくなったと同時に「私はこの地を頼りとし、この地に根を張る。」この時、普段は冷たい表情の国王（「笑わずの仙人」と呼ばれていた）も護法善神が口を開いたために、口を大きく開けて笑った。この偉大な神が口を開いた様子と国王が笑っている様子はとても似ていた。この時から杰瑪塘はコジャと呼ばれるようになった。また寺が建てられるとコジャ寺と言うようになった。（注：この話は馬麗華の『西行阿里』の中にあるコジャ寺に関する伝説をまとめたものである。）

　コジャ寺に入ると下の階は他のチベット仏教の寺院と大差はなく、左側の主殿には「大神」文殊菩薩が祀られており、チベット語でこれを「江辺様」という。寺の最上階に進むとそこでようやく違いに気づく。この建物はひとつひとつが曼荼羅のような作りとなっており、それらが本尊を囲むようにして展開されている。また大殿の奥には高さ10mほどの赤い壁があり、壁の頂点には六字大明呪が刻まれ、太陽の光で壁と六字大明呪が輝いていた。そのときは太陽の光が暖かい時間だった。神秘的で厳か

な雰囲気が漂っており、この陽の光に乗って極楽浄土へ行けるのではないかと錯覚した。カーカーと鳴くカラスの鳴き声で私たちは現実世界へと戻された。ラマの赤、麦畑の緑、空の青と白い雲、黄土色の谷、これら全てがこの寂しい土地に神聖で神秘的な雰囲気を作り出していた。コジャ寺の壁画や木の彫刻、独特な服飾文化に感動した余韻に浸っていると、車はすでに国境付近の道路を走っていた。次の目的地は神秘的なグゲ王国だ。

グゲの光

　グゲ王朝の遺跡の前に着いたのは夕方だった。西日が差し込むと高台にある黄土と部屋が金色に輝き、かつてはこの高台は美しく、賑わっていたのだと想像できた。扎達県は「土」で囲まれ、この土も扎達の象徴である。ここは新疆の雅丹魔鬼城と似て

▲扎林寺の仏塔

第7章 高原・ガリを歩く

いる。以前湖底だった場所が隆起し、風雨に晒されて地質が変化したために現在のような不思議な空間が作り出された。グゲ王宮は土に囲まれ、自然と歴史が融合した悲壮な地が広がっている。宣教師の影響でグゲ王の仏教への信仰が揺らぎ、王室と対立した。その後ラダック人が扎達に侵攻し、グゲ王朝は長い間彼らと対峙していたが、結局この強敵に打ち勝てず国王は失脚し、グゲの地は占領されてしまった。このとき人口は2万人程で、谷地や平原では小麦や白菜、大根などの野菜を栽培し、山間部では牛や羊を育てていたが、この高原王朝の800年の歴史は一夜にして歴史の塵の中に埋もれてしまった。1679年（清朝康熙18年）ラダックで戦争が勃発したため、ダライラマ5世とその弟子サンギェ・ギャツオ、グーシハーンは噶丹澤にモンゴルとチベットの連合軍率いてラダック王に反撃するよう命令し、彼らの侵入を防いだ。またラダックの首都である列城を占領するよう命令し、ラダック王は占領していたグゲや日土などの土地の返還を余儀なくされた。

　この偉大な土地を除いて、グゲ王国の遺跡ではカシミール風、ラダック風の壁画を鑑賞することが出来る。グゲ紅殿にある史実が記録された『慶典図』という長さ10メートル、幅1メートルの壁画がある。中心には阿弥陀如来、左側には読経する僧侶、

▲土に囲まれたグゲ王朝の遺跡

▲グゲ王朝の遺跡

　右側には王族とその眷属や参詣者、贈り物、背面には祝賀式で群衆が練り歩く様子、その中には獅子舞、神舞、歌舞を踊る人々、その横に寺を建設するための木材を運ぶ牛と僧侶が描かれている。当時の仏教国として栄えていた様子が生き生きと描かれている。山の下にある扎林寺もまた壁画で有名で、カシミール絵画の要素が色濃く表れている。豊満な乳房を持ち、腕が細くへそを出している誇張して描かれた観音菩薩や、力士、天王、28星宿、護法善神等が描かれ、壁画としてだけではなく、歴史宗教的な角度から見てもグゲ壁画の名品と言えるだろう。幸いにも扎林寺の壁画は「文革」の時に食糧庫として使用されていたため現在でも見ることが出来る。

　有名な益希沃やアティーシャ、リンチェン・サンポといった人物の伝説も扎林寺を背景に展開されている。扎林寺が最も栄えたときには周りに25の寺院があり、大変勢いがあった。その時の扎林寺は釈迦殿、白殿、十八羅漢殿、弥勒佛殿、護法神殿、集会殿、リンチェン・サンポ譯師殿、アティーシャ殿及び講経台、たくさんの嘛尼房、僧舎、拉譲、108の仏塔林で構成されており、東西は広く南北の狭い大きく偉大な建築群であった。しかし歴史の風向きは変わり、現在では主殿とわずかな仏塔の遺跡しか残っておらず、かつての輝きの面影はない。グゲ王朝の遺跡や扎林寺ではグゲ時代の壁画芸術を見ることができ、また扎達土林の奥地では仏国としてのグゲ王国の存在意義を感じることが出来る。

第7章 高原・ガリを歩く

トンガ・ピアンの特色

　イタリアのチベット学者ジュゼッペ・トゥッチ（Giuseppe Tucci）は1935年調査手記の中で、ガリの原野調査で発見したトンガ一帯の洞窟に残された「曼荼羅」の壁画について分かりやすく説明し、2枚の写真を残した。しかし、この文献以降いかなる人物・文献もこの「曼荼羅」の洞窟について語ったものはなかった。20世紀になり1990年代に中国はチベットの文化調査を行ない、トンガ・ピアン遺跡を正式に発見したため、現在私たちは「曼荼羅」の洞窟を見ることができている。車で街から出発し、干上がった川床に沿って黄土を進んだ。砂や土の堆積した黄土の壁は地下から成長して伸びているようにも見え、奇妙な景色で壁の形も様々だった。果てしなく続くこの奇妙な土の谷の中では簡単に道を間違えそうで、経験のないドライバーはあえてこの地に足を踏み入れようとはしないだろう。またここにある道はどれも同じように見え、前に通った車の轍も洪水ですぐになくなってしまう。トンガ・ピアンの遺跡はトンガの曲林寺とピアンの石窟群で構成され、扎達県から40キロメートル離れたトンガ村とピアン村は距離が近く、また遺跡の規模も大きいためトンガ及びピアンの仏教石窟遺跡と命名された。ピアンとトンガの遺跡が建てられた具体的な時期ははっきりと分かっていない。文献の記述も極めて少なく、インドのチベット文字の文献『古格普蘭王国文』の中では、「ピアン寺が建設されたのはグゲ王国建国初期の10世紀で、リンチェン・サンポの建てたグゲ八大仏寺のうちの1つ、建設から70年後に一度大規模な修繕をした。」と記載されているだけである。また他のチベット文字の文献では、「トンガ寺は10世紀、益希沃の時代に建てられた。12世紀頃のグゲ王国の内紛の際、首都である扎達譲と対立したもう1つの王室があった場所である。その後グゲ王国は再び統一され、トンガは王宮としての地位を失ったが、グゲの政治及び文化における重要な場所であった。」と記載されている。

　トンガ村の北側にある山の頂に到着すると、魚のヒレのようにうねった山腹が蜂の巣のような洞窟でびっしりと埋め尽くされていた。ここは寺院なのだが、僧舎ともいえるし、修行洞ともいえる場所で、山頂には仏塔の遺跡がある。トンガ村から東に

400メートル進んだところにあるこの寺院は南側に東から西へと流れる朗欽蔵布河があり、南側の台地の下には仏塔と寺院の遺跡が残っている。台地の断崖は弓のように曲がった半円形で、両端は東から西へと伸び、石窟は3つの区域に分けられている。また現存する洞窟は全部で150個ある。そしてここに広がる景色から、繁栄した仏教の聖地がたくさんあったのだと想像することができるだろう。この景色で私に新疆ウイグル自治区チラ県にある土に埋もれてしまった西域大乗仏教の中心地、ホータン国達瑪溝仏教遺跡を思い出した。「南朝の480もの寺院、そのうちのいくつが雲霧の中に消えてしまったのだろう」、ガリの仏教国と同じように二度と栄えることはなかった。

ピアン石窟群はトンガの第一地点の北西に位置し、距離は約1.5キロメートル。「ピアン」は「培陽」、「皮旺」、「其旺」等と漢訳され、寺院建築や城壁遺跡、石窟群で構成された規模の大きい仏教遺跡である。ピアン石窟群の東側には格林塘仏寺遺跡が残っており、西側の崖の上には寺院と城壁、谷の下と崖の中腹には石窟が掘られている。このふたつの間には小川が流れ、ピアン村は西側の崖の下にある。

▲トンガ第1号窟――天井の曼荼羅
　1号窟の天井の曼荼羅図、主仏は不明で、5層の護法神に囲まれている。

第7章 高原・ガリを歩く

▲11面千手千眼観世音菩薩は「6観音」（6観音とは名称が異名異形で、6道衆生を導く6種類の観音菩薩を指す）の1つである。11面観音は合わせて11の顔が5層に分かれている。敦煌や新疆等の地域にもこのような壁画がある。11面観音像の周りで飛んでいるのは、空を飛ぶことのできる空中の供奉菩薩で、その仕事は仏が説法をしている際に空に花を撒く。音楽を奏で、空を飛ぶことに優れ、全身から良い香りが漂っているため「香音の神」と呼ばれる。

トンガの石窟群は大きくふたつの地点に分けられる。まず1つ目の地点は現在のトンガ村北側の崖にあり、トンガ村からは約400m。その南側には朗欽蔵布河につながる小川が東から西へと流れ、南側の台地の下に仏塔群と寺院の遺跡が残っている。断崖の形状は弓のように曲がった半円形で、両端は東から西へと伸び、石窟は3つの区域に分けられている。また洞窟の数は全部で150個ある。2つ目の地点はトンガの東側の山の中にあり、これらふたつの地点は約30km離れている。洞窟の南側には「夏溝」という小川が流れている。洞窟は険しい崖の北面に掘られており、東西に全部で9個の洞窟がある。この9個の洞窟は観光客に解放されている遺跡のひとつ

▲トンガの壁画――菩提樹と孔雀。菩提樹や孔雀は仏教壁画の中でよく見られる要素。菩提樹は釈迦が菩提樹の下で悟りを開くため。孔雀は仏教で尊い鳥とされ、百鳥の長鳳凰が交尾をした後に成長したもので、大鵬と同じ母から生まれる。また如来仏によって大明王菩薩に封ぜられている。

第7章 高原・ガリを歩く

なのだが、高さ60メートルの階段を上るのに30分ほどかかるので、標高の高いガリでは上るだけで一苦労だ。また、これらの洞窟は礼仏窟や修行窟などに類別される。一般的に修行窟の中には壁画は無いのだが、礼仏窟には壁画が多く残され、仏像や菩薩、曼荼羅、修行者、護法神、仏教に関する故事について描かれている。トンガの1号窟の中の天井はドーム状になっており、曼荼羅が描かれている。曼荼羅とは仏教の本尊とそれを取り巻く眷属を描いた絵である。本尊とは主仏、眷属とは阿羅漢のことで、眷属が本尊を取り囲む様子は大変厳かで輪圓とも呼ばれる。

　トンガ石窟の中には他にもまだ大量の菩薩像があり、これらの菩薩像は豊富多彩で、その名号から2種類に分けられる。1つ目が仏教典のなかでも有名な文殊菩薩や観音菩薩などで、もうひと種類は様々な供養菩薩で名前は極めて多い。また1号窟では「11面千手千眼観世音菩薩」をはっきりと識別できる。

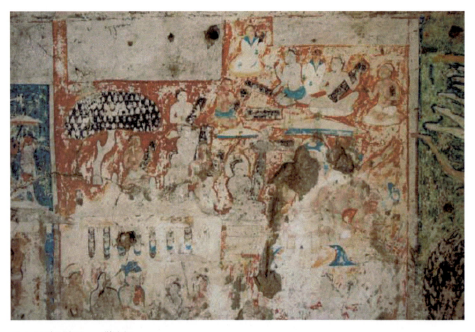

▲トンガの壁画——説法相
主尊はすでに抜け落ちているが、周囲では楽器の演奏、話を聞く人、菩提樹等が描かれ、釈迦の出家前の宮廷生活を描いているのだろう。

▲トンガ石窟の中の様子

第7章 高原・ガリを歩く

▲グゲの壁画──釈迦が菩提樹の下で説法をしている図

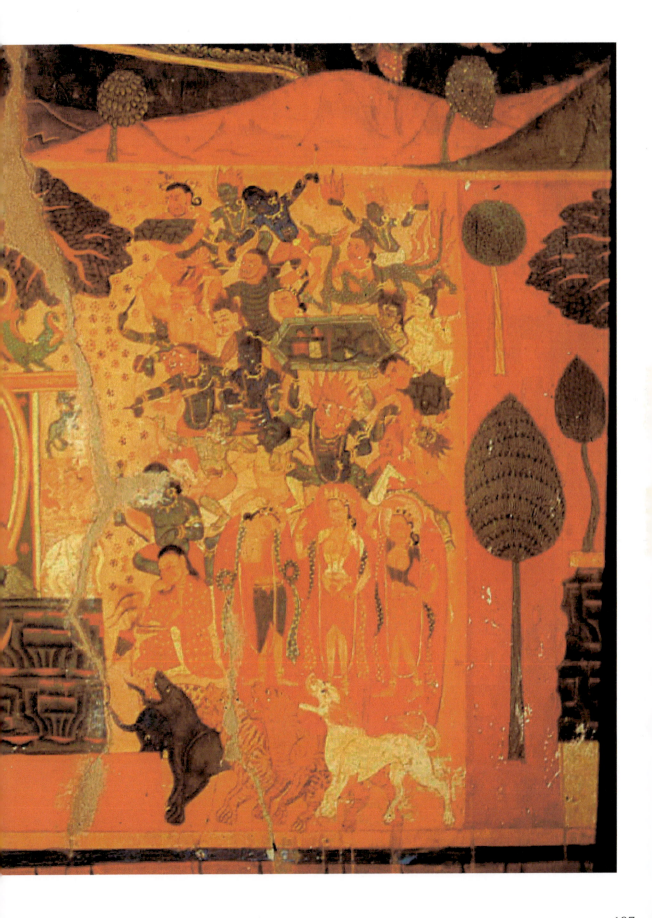

第7章 高原・ガリを歩く

▲グゲの壁画──天女図

第7章 高原・ガリを歩く

▲グゲの壁画──密宗双修と修行者像

第7章 高原・ガリを歩く

　チベット仏教壁画の中で描かれている物語の多くは「12相図」という画法で、主に釈迦の一生の中から受胎、誕生、学び、婚姻、出家、苦行、菩提樹の前、悟りを開く、転法輪、天から降りる様子、涅槃など12個の中から選んで描く。トンガの壁画では確かにはっきりとは見えないが、依然として見ることはできる。

　この他にも「説法相」、即ち仏の説法を弟子がそれを囲んでいるという絵がある。

　トルファン、クチャ、ホータン、敦煌といった地域は、かつて仏教芸術の栄えた歴史的にも重要な地域である。ガリの地理的位置はちょうどこれら仏教の栄えた地区が交わる区域であった。トンガやピアンの石窟壁画の制作方法、描き方の特徴、人物と動物の特徴など多くの点で、これらの地域との仏教交流、そしてそこから受けた影響の痕跡を見て取ることが出来る。例えば壁画の中の対になった鳥と獣や数珠状の模様などはチベット仏教石窟芸術で一時期流行したものである。さらに、上述した壁画の中の人物が着ている大きな三角形の服は、敦煌吐蕃時代に掘られた石窟壁画の中でもよく見られる吐蕃王族の服装の特徴の１つである。このようにガリの石窟壁画芸術では独自のスタイルを持っている一方で、周辺地域の仏教芸術の要素を吸収し、融合させて創られた複合的な文化が反映され、かつて他の文化との間で密接な関係を築いていたということを表している。このように現在まで残されている特色は、わずかに洞窟の中でのみ当時の輝きを感じられ、この場所では時間を忘れて砂に埋もれてしまった当時の様子を鑑賞できる。

▲トンガの壁画——密宗双修図

▲トンガの壁画──護法善神図

第7章 高原・ガリを歩く

▲トンガの壁画——修行者図

205

第7章 高原・ガリを歩く

▲ピアン遺跡
▼ピアン遺跡

カイラス山を転山する参詣者の旅

文/龍　虎林　沈　鵬飛

なぜ転山をするのか

　「転山」はチベットで盛んにおこなわれている厳かで神聖な宗教儀式である。チベットの人々の話では、1つの山に1人の守護神がいて人々の平和を助け、これらの神山を周ることで今生の罪を洗い流すことによって来世で解脱を得るという。

　障害の多いチベット高原には多くの山脈があるが、その中でも全長1600キロメートルのカンディセ山脈は非常に重要な山脈である。有名なカイラス山はカンディセ山脈の西側にあり、標高は6656メートルで、古来よりチベットや中央アジア、南アジアの人々に敬われ、参詣者と旅行者にとっての聖地である。また、仏教、ボン教、ヒンドゥー教、ジャイナ教の信者にとっては「世界の中心」であり、ネパール人、インド人にとってカイラス山はシヴァ神の楽園である。仏教の説法によるとカイラス山は須弥山と言い、世界の中心だ。その外見は階段のようで、古代チベット族は天界へと続く梯子、ロープが天と大地をつなげていると考えている。

第7章 **高原・ガリを歩く**

▲カイラス山

第7章 高原・ガリを歩く

　言い伝えによると、カイラス山を1周すると一生の罪が洗い流され、10周すると地獄の苦しみを免れる。そして100周すると今生のうちに解脱することができるという。また釈迦が誕生し涅槃に入ったのがどちらも午年であるため、午年の1周は通常の年の13周に値するという最も徳を積める1年なのだ。

どうやって転山をするのか

　カイラス山は「それを取り囲む群山」によって高度に儀式化した地形となり、精神世界の中心で非常に求心力のある場所である。全長約52キロメートルの登山道では岩壁や滝、渓谷、山、氷河、岩場などの自然の景色が見られるほか、古寺、経幢塔、天葬台、仏足石、ミラレパ伝説の跡地などここでは枚挙しきれないほどの文化的な景色も見られる。そして宗教的な参拝や文化体験、屋外運動、撮影創作といった活動のどれにとっても素晴らしい体験ができる場所だ。カイラス山を1周するのに一般の転山者であれば2～3日で周ることができるが、チベット民族の多くは五体投地をしながら山を周るので15～20日かかる。また、カイラス山南側にある因竭陀山は転山の中心となる内側の転山道で、参詣者は外側の転山道を13周してからようやく内側を周ることができる。内側の転山道は1日で周ることができる。

■　モデルコース

　もし3大寺院に立ち寄らずただ転山をするだけであれば、総距離約49キロメートルで、寺院に立ち寄るのであれば総距離約52kmである。一般的な転山者は2日で周ることができる。1日目は哲日普寺で休憩し、2日目は早めに出発して卓瑪拉山を越えると周りきることができる。

　神山外側の山道（寺院には立ち寄らない場合）の参考距離は以下の通りである。全長約49キロメートル。

day1　塔爾欽からシシャパンマホテル

　転山1日目、塔爾欽から色爾雄大経幢までの7kmは車に乗っていくことができる。それ以降は徒歩での移動となる。山の中を流れる川に沿い、神山に向かって上る1日目の行程は約21キロメートル。夜は神山の中腹にあるシシャパンマホテルに泊まる。

コースと距離：塔爾欽――7km――色爾雄大経幢――2.6km――曲古寺小橋――4.5km――ケサル馬鞍石――2.3km――茶館（馬頭明王石）――4.2km――シシャパンマホテル（哲日普寺と川を挟んで向かい側）

第7章 高原・ガリを歩く

day2 シシャパンマホテル

　転山2日目は全体の中で比較的難度の高い1日で、この日は標高5800メートルの卓瑪拉山口を越える必要がある。少しずつ山を登り、山口を越えたら山道の東側にある茶館まで一気に降る。2日目の行程は約14キロメートルで、夜は甜茶館に泊まる。

コースと距離：シシャパンマホテル――5.8km――卓瑪拉山口――2.6km――第3不動地釘（茶館付近）――2.4km――母秘道出口の反対側――3km――山道東側の茶館

day3

　転山の最終日で、コースは全体的になだらかで、標高もだんだん下がってくる。この道は神山の東側面で、氷河の流れる方向に向かって山を下り塔爾欽へと戻ると転山が1周終わる。最終日の行程は約15キロメートル。

　コースと距離：山道東側の茶館──4.5km──仲哲普寺──6.2km──宗堆茶館──4km──塔爾欽

第7章 **高原・ガリを歩く**

風景紹介

文／龍　虎林

塔爾欽鎮

「塔爾欽」はチベット語で「大経幢柱」という意味がある。神山聖湖地区では、この大経幢柱は色爾雄にある最も大きい大経幢を指している。後に神山南方にある内側の転山道の入り口に、塔爾欽を囲むようにして聖者、遊牧民、商人などが住みついて街をつくり塔爾欽と命名された。現在塔爾欽鎮はプラン県巴嘎郷の郷政府の所在地となっており、カイラス山へ転山や旅行の始まりの地となっている。

南西の恰採崗

「恰採」はチベット語で「頭を地につけて礼拝をする」という意味で、転山を信仰する人々は一般的に神山の見える所で地に頭をつけ福を祈り、経幢を広げて掛ける。これらは神山転山道の4か所にある。

色爾雄大経幢と天葬台

「色爾雄」はチベット語で「ヤツデ」という意味で、神山転山道の西側の入り口の拉曲蔵布溝口東側の丘にある。第一級台地はすなわち「大経幢」で、ここから西に向かうと「噶尼塔（kangni chorten）」の分かれ道を経て草原や湿地につながる。北東に向かうと天葬台のある「大経幢」北側の赤い岩の台地に至る。

　色爾雄天葬台は神山にある4大天葬台の1つで、ここは赤い岩の台地の中心にあり、その付近には仏足石がある。このような仏足石は転山道の四方に同じように存在する。

またカンディセの不動地釘とも呼ばれ、羅刹女の神通力から神山を釈迦の力で守っている。さらに仏足石を取り囲むようにして五百羅漢の足あとがあり、言い伝えによるとこれらの足あとは五百羅漢の化身である金の羽を持つカモが釈迦とともにこの地に来た時に残したものだと言われている。天葬台のそばにある大きな石には修行のための洞窟と洞窟の入り口にミラレパの足あとがある。この他に東側の山腹には仏塔や部屋のような形をした羅漢や財神の宮殿がある。

曲古寺

曲古寺はカイラス山の転山道の南西側、拉曲蔵布溝西側の山のふもとの崖の上に建っている。転山道西入り口にある色爾大経幢西側の仏塔から遠くに見ることができ、ふたつの地点の距離は約2.8キロメートルある。曲古寺は本尊の「曲古寺仏」から名前が付けられた。「曲古」とはチベット語の発音で、「自然に作られた大乗五位の最高である「究極位」の仏像」と言う意味がある。言い伝えによると、この寺はもともと「年波（年楚河一帯地域）」から来た悟りを開いた人物によって建てられたため「年波日宗寺」といい、省略されて「年日寺」となった。

曲古寺には3つの宝物がある。1つ目は曲古仏像で、「噶爾夏奶湖」で自然にできたもので、後にグゲ王の澤徳によって托林寺に迎え入れられた。その他のふたつはボン教の名僧、那若本瓊が残した白いほら貝と鉢である。那若本瓊は神山で有名な法術で戦う物語の主人公で、その相手はカギュ派のミラレパである。那若本瓊は最終的には神山の東、聖湖の北にある笨日山へと敗走した。この3宝以外にもこの寺には曲古寺神山怙主神殿や、現在まで語り継がれている南竹巴カギュの伝説があるため、神山の歴史を理解するうえで赴くべき場所である。

標高4830メートルにある曲古寺及びその周辺には瀑布や修行洞、瑪尼石刻、天然の擬形石などもあり、それらすべてが宗教や伝説の真理を含んでいる。また、曲古寺は神山における絶好の撮影スポットでもある。

第7章 **高原・ガリを歩く**

曲古寺から哲日普寺の間

　カイラス山を取り囲む転山道の西にある崖は風化しており、色は主に赤色だがところどころに黄色や灰白色などが混じっている。崖の基部の砂礫岩は水平に並んで仏塔のような層を形成し、崖に沿ってできた溝からは雨期になると滝を作り出す。その滝はカーテンのようにゆらゆらと流れることもあれば、白い龍のように勢いよく流れることもある。また半分地中に埋まった水槽からすがすがしい香りが漂ってくるようにも見える。（ここでの水槽とは珠牡の沐浴池、歩いて少し上ったところにある。）さらに崖の頂上に向かうと少しずつ道が狭まり、犬の牙によってボロボロになった刀のようになっている。その途中で見える西側山道を取り囲む独立した山は「長寿3尊峰」といってそれぞれ無量寿仏峰、尊勝仏母峰、白度母峰という仏の名前が付けられ、ケサル王と武将の化身であるという伝説も残されている。

　このふたつの寺の距離は約10キロメートルで、基本的に河谷や台地、砂利道、風化した岩場、泥地などで構成されている。6.5キロメートルほど進むと茶館で休憩することができるのだが、ここはケサル馬鞍石と呼ばれ、羊圏石壁で囲まれた馬頭明王石やふたつ目の「カンディセ不動地釘」がある。その後また道を進むと神山の真後ろにある標高5050メートルの哲日普寺へと到着する。

哲日普寺

　「哲日普」とはチベット語で「ヤクを隠す余裕のある洞口」と言う意味がある。ここの修行洞の基礎を拡張して建てられた寺院が哲日普寺である。

　哲日普寺は「仲隆山」に南向きに建てられ、寺の正面には3つの山がある。この山は東から文殊菩薩、観世音菩薩、金剛手菩薩の3人の菩薩を表している。またこの寺は「水晶の門」と呼ばれるカイラス山の北側、観世音峰と金剛手峰の間にある。河を隔てて観世音峰のふもとを望むことができるこの寺は、川の流れで土が堆積によって作られた場所である。そして台地の西側には白塔や煨桑塔、経幢などがあり、神山の北側を拝むことのできる絶景の場所である。赤い菌類に覆われていた跡の見ら

れる氷河の石や岩も有名だ。

　また特に価値のあるものを挙げるならば、哲日普寺の両側には獅泉河の源泉のある区域やチベットの北側へとつながる古道があり、スウェーデンの有名な探検家、学者スヴェン・ヘディンはこの古道に沿って5回カンディセ山脈を越えた。

哲日普寺から卓瑪拉山口の間

　哲日普寺を越え、東に向かって3キロメートル進むと天葬台に到着し、そこからまた2.6キロメートルほど進むと標高5670メートルの卓瑪拉山口へと到着する。ここまでで標高が600メートル上昇する。すべての転山道の中でもこの道は一段とつらく長い道である。この道で見られる大きな景色としては南側に神山、西側に哲日普寺のある河谷があり、その他に西から東に向かって「タイリクオオカミの足あと、烏鴉神宮石、清涼林天葬台、ミラレパの闘法石」が順番に見られる。そこを通り過ぎると山道の南側に雪が解けてできた湖があり、ここから次第に傾斜が高くなってくる。また「天然獅面空行母石」や「親孝行ができているかどうかを判別する石」、「業の深さを判別する石窟（この石窟は前後に乱雑に並んだ石の坂道があり、中陰小径と呼ばれている）」、「殺人の罪を清めることのできる小川」等も見られる。

　清涼林天葬台の下には正面にある谷に向かって、「康卓桑姆」と呼ばれる空行母が転山するための秘道がある。その長さは約7キロメートルで6000メートルほどある雪の積もった峠を越えなければならず、峠の近くにある内側の転山道へとつながる縄梯子を使用するため大変危険な道だと言われている。空行母秘道の出口は卓瑪拉山口東側にある茶館から2.5キロメートル離れたところにあり、ここでもまた頭を地につけて神山拝む礼拝所を見ることができる。文字にされていない規則ではあるが、空行母秘道は外側の転山道を12周してからでないと進むことができないとされ、修行者の宗教上の解釈とは別にこの道が大変危険だという意味も含まれている可能性があるため決して軽い気持ちで足を踏み入れてはならない。

第7章 高原・ガリを歩く

卓瑪拉山口から仲哲普寺の間

　山口を東側に 2.5 キロメートルほど進み、標高 500 メートル下った山のふもとには茶館がある。ここの道の傾斜は比較的大きく、山口の下の台地には空行母の沐浴地と呼ばれる卓瑪拉湖がある。この湖には言い伝えが多く、ヒンドゥー教ではこの湖はシヴァ神の妻である烏瑪（雪山神女）の沐浴する湖とされ、チベット仏教では空行母の沐浴地で、チベット北部の言い伝えでは「慈悲の湖」と呼ばれている。これらの伝説とは関係なく、卓瑪拉湖の景色は天気が良ければ絶景スポットである。卓瑪拉湖の下には堆積して風化した岸辺や、万年雪があり、さらに下ると石が積み重なってできた台地やミラレパの足あとが集中している場所へと続き、この当りは最大で 40 度の傾斜がある。また茶館に到着すると茶館の上方に 3 つ目の「カンディセ不動地釘」を見ることができる。もし天気が良ければこの道は 1 時間ほどで歩くことができる。

　茶館から先に道では湿地や岩場にたまに出くわすが、全体の中では比較的道の状況が良い。その後南東の角怡採崗を通り過ぎると、茶館やテント設営地のある空行母秘道の出口へと出て、最終的に仲哲普寺へと到着する。この寺は転山道東側の約 9km 続く道にあり、地形は転山道の西側とはやや異なり、山は西側のようにそりたっておらず、塔のように 1 段 1 段堆積している。色もまた西側のように赤々とした砂礫岩ではなく青や黒を帯びた砂礫岩である。谷の地形は西側に比べてやや起伏が激しく、谷はうねり、滝は少ない。このようにこここの道は主に坂道、砂利道、湿地草原の道で構成されている。

仲哲普寺

　仲哲普寺のある区域の山には暗い灰色の石の塔が建てに並んでおり、特に山のふもとにある塔は巨大な砂礫岩が段々に積み重なってできている。仲哲普寺はこのような場所の内側にある台地の上にへばりつくようにして建てられており、遠くから見ると

寺と外壁の色が突出していないため砂礫岩とほぼ同化して見えるため、まるで岩の中から生えてきているように感じられる。

　標高4838メートルの仲哲普寺はまたの名を変幻洞とも言い、ミラレパと那和本琼の戦いの伝説から名付けられた。ミラレパがかつて変化の術を使ってこの場所に部屋のような巨大な洞窟をつくり、たくさんの足跡や手の跡、頭の跡を残したため変幻洞と名付けられたようだ。その後直貢カギュ大師、聶拉朗巴（直貢カギュ派の第2代神山の祖）がここに寺を建てたが、後に竹巴カギュ派の寺院へと変わった。仲哲普寺に祀られているのは「一目見て解脱することのできるミラレパの金メッキの銅像」で転山する人々は必ずこの仏像を拝んでいく。その他に寺の北側の崖には修行窟があり、その下の岩の上に4つ目の「カンディセ不動地釘」がある。また南側の崖には滝が2つと、一目見ると福が訪れるという七賢者の聖泉がある。この寺からまた道を下ると塔爾欽鎮（標高4670メートル）へと戻る道路があり、6キロメートルほど進むと山道東側の山口宗堆へと着き、ここの茶館で一休みしてからまた4km進むと塔爾欽鎮へと戻ってくる。

マーナサロワール湖を巡る旅

文／龍　虎林

湖の歩き方

　面積412平方キロメートルのマーナサロワール湖はチベット語で「永遠に衰えることのない湖」という意味がある。唐代の有名な高僧玄奘は『大唐西域記』のなかでこの湖を「西天瑶池」と記した。この湖の周りには獅泉河（インダス川の源流）や象

第7章 高原・ガリを歩く

泉河（サトレジ川）、孔雀河（ガンジス川の支流）、馬泉河（ヤルツァンポ川）という4本の有名な川があり、「世界の川の母」とも呼ばれている。数千年に渡って敬虔な信者たちはマーナサロワール湖の水に「甘い、爽やか、軟らかい、清浄、無臭、喉に良い、腹に良い」などの意味を与え、ここで沐浴することが一生の中で最も清潔で、最も幸福なことだと考えてきた。マーナサロワール湖の周囲は84kmほどで、湖の周りには秀麗な8つの寺院が建ち、また湿地や温泉、崖などがあり自然豊かなため、旅行するべき絶景のスポットというだけでなく、野生の動植物と近づき自然と一体になれる楽園なのだ。湖の周りの道はアスファルトで舗装された道があるので歩いても、車に乗ってでも湖を周ることができる。また歩くのであれば4〜5日必要だが、車だと1日で周ることができる。

なぜ湖を周るのか

　湖を周ることは転山と同じように、チベット地区に存在する一種の参詣方式で、自然崇拝表現する方法なのだ。チベット地区には多くの湖があるが、マーナサロワール湖はその中でも大変重要なひとつである。『大蔵経・倶舎論』の中の記述では、インドから北に進むと9つの大きな山と1つの大きな雪山があり、そのふもとに四大川の源があると記されている。仏教の中ではこの大きな雪山が神山カイラス山で、四大川の源というのが聖湖マーナサロワール湖である。

　仏教徒の考えでは、マーナサロワール湖は勝楽金剛が人々に贈った最も清浄な恵みの露で、この聖水が人の心にある煩悩や罪を洗い流してくれると考えている。マーナサロワール湖は仏教、ヒンドゥー教、ボン教のあらゆる聖地の中で最も古く、最も神聖な場所だ。この湖は心の中にある清く美しい湖であり、また宇宙の楽園、神々の理想郷、万物の極楽世界である。

■ 参考徒歩ルート

day1

帳篷ホテル──5km──色熱龍寺──13.3km──曲普温泉路口──7.2km──聶果寺遺跡──0.7km──瑪尼石堆──3km──楚果寺（南洗浴門）

day2

楚果寺──6km──絨嘎曲第一橋──3.4km──絨嘎曲第二橋（全行程の最高点）──10.6km──果初寺

day3

果初寺──10.7km──吉烏寺の南にある古い修行窟区域──1km──西洗浴門（聖湖旅館）

day4

西洗浴門（聖湖旅館）──6.2km──加吉寺の修行窟遺跡区──0.3km──加吉寺の白塔──4km──海螺洞──1.3km──北洗浴門──14km──帳篷ホテル（東洗浴門）

寺院紹介

■ プランルート

　聖湖を周る徒歩道（吉烏寺と朗納寺、苯日寺には立ち寄らない）は全長86kmある。車に乗るルートは神山聖湖旅行センターから始まり、湖の周りの簡易道路に沿って2つの湖の最も高い所へ行く。その後下り道となり、柏油道路へ入り、交差点で折り返

第7章 **高原・ガリを歩く**

し聖湖旅行センターか神山旅行センターへ戻る。

色熱龍寺

　色熱龍寺はマーナサロワール湖の北東の岸の蓮の花が開いたような地形にある吉祥の寺である。初めは直貢カギュ派大師、貢覚久賛が恩師の赤列桑布之托のために1728年に建てた。当時、神山聖湖一帯では甘丹才旺のガリ奪回戦争によって遊牧民族たち（霍爾郷原住民の祖先）が殺された。彼はその戦争での罪を懺悔するために共同で出資し、寺の施主となった。色熱龍寺には宝物が大変多く、赤列桑布像や4つの仏舎利、蓮花大士の5つの伏藏、大譯師白若雑納の手書きの写本、インドのバラモン大徳の即身仏、カギュ派の大師アティーシャの弟子ドムトンの髪の毛、ミラレパの弟子ガムパホの座布団など聖物が多い。

蓮花浴門

　聖湖の四大浴門は清浄を尊重するヒンドゥー教（聖浴、苦修、参詣はヒンドゥー教諸教派の全てが行うべき規則）の参詣者たちは必ずこの地に立ち寄るが、その中でも蓮花浴門と呼ばれる東浴門は色熱龍寺の北側に5キロメートル行った湖畔にある。日の入り前が色熱龍寺の最も美しい時間で、太陽の光が湖面をかすめ、色熱龍寺やその周辺の湖や山々を明るく照らす。また、青空の下では五彩風馬旗が仏塔や寺院を引き立てるように輝く。

聶果寺

　聶果寺はマーナサロワール湖の南東の岸、楚古寺の北東にあり、現在では廃墟となっている。言い伝えによると、後弘期チベット仏教の指導者アティーシャが神山聖湖を参詣したときにこの場所を非常に気に入り、この場所に彼が造った「擦擦（泥の型で作った仏像）」を預け入れる部屋を建てた。その後サギャ派の大師欧欽・貢噶倫珠は

蓮花大士のためにここに寺院を建設し、キドン県から度母仏像とたくさんの貴重な仏教の経典を招き入れた。また晶果寺の廃墟の南東方向に1キロメートル行ったところには、赤い礫岩を使用した大量の瑪尼石刻があり、そこに刻まれているお経や仏像の絵はとても美しい。夕暮れ時の湖岸では、廃墟と瑪尼石刻の組み合わせが晶果寺をより一層物寂しいものとさせている。

楚果寺

「楚果」はチベット語で「入浴」という意味がある。現地の遊牧民によると、マーナサロワール湖は毎年チベット歴の11月30日から12月初旬に凍結し、翌年の2月末から3月15日の間に溶ける。この期間、楚果寺の付近には凍結せず入浴に適した水があるため「楚果」という名前が付けられた。毎年8月頃には楚果寺の付近の湖は大量の美しい水草で覆われ、色鮮やかで良い香りが漂い、また薬草としての効果もあるためここの洗浴門は「南香甜浴門」とも呼ばれる。

さらに、聖湖でも重要な場所である「南香甜浴門」は正面にカイラス山が見えるという地理的な利点を利用し、インドやネパールの参詣者たちは楚果寺にとどまり静かに瞑想することを好んでいる。この他に国内外の多くの旅行者も楚果寺を選んで宿泊する。また楚果寺の2階からは神山と聖湖のふたつを一緒に写真に収めることができる。

果初寺

果初寺はマーナサロワール湖西側にある湖に面した断崖の上にある。聖湖北面にあり湖から離れている苯日寺を除けば果初寺は湖を囲む8つの寺の中で最も高い位置にあり、湖を眺めるのに最も適した寺院である。最初はアティーシャ大師が開いたただの修行窟で、伝説では彼はこの洞窟で7日間祈祷や修行を行ったという。13世紀初期、南竹巴カギュ派の創始者郭倉巴大師もここで3か月修行し、ここが南竹巴カギュ派の神山聖湖における傳法の地となると予言した。「果初寺」の名前はこの予言が由来とされており、「創造」「誕生」という意味がある。その後、果初寺は南竹巴カギュ派が修行をする重要な道場となった。

ダライラマ10世の頃になると、普蘭賢培林寺の欽巴羅布がこの修行窟を基礎に正式に寺院を建設し、寺院はゲルグ派へと改宗した。

第7章 **高原・ガリを歩く**

吉烏寺

　吉烏寺はマーナサロワール湖の北西の角にある小さな丘の上にあり、寺の南側のふもとには温泉、温泉と丘の間にはマーナサロワール湖とラークシャスタール湖につながる水路、水路の隣には雄巴村がある。吉烏寺の丘は桑朶白日山と呼ばれ、「銅色の吉祥の山」という意味があり、これは蓮花生大士の住む浄土の地名である。聖湖に面している蓮花生大士の修行窟の中には蓮花生大士と彼の修行の伴侶2人の像がある。後に南竹巴カギュ派の僧、頂欽・頓珠図美が修行窟を基礎として吉烏寺を建設した。

　吉烏寺の近くの神山聖湖を通るプラン県の道路は旅行客や参詣者が最も足を運びやすい場所である。吉烏寺付近の湖岸には5種類のアルカリ成分が含まれており、体や心の垢を洗い流すことができるため、この寺の南東の湖岸にある西浴門は「去垢浴門」とも呼ばれる。また、この浴門のそばの崖の上には古代の修行者たちが使用した洞窟がある。朝夕に朝日や夕やけのなかで沐浴し、吉烏寺でひとり佇む。ここは湖に思いめぐらせながら撮影のできる非常に理想的な場所なのだ。

加吉寺

　加吉寺はマーナサロワール湖の北西の岸にあり、現在は廃墟である。この寺院のある場所の地形は黄色い土で出来た崖で、高さは湖面から70mほどある。また、加吉寺のある場所は断崖に岩穴が多く空いている場所で、これらの岩穴は基本的に古代の修行者たちが使用した洞窟である。これが仏教の経典に記載されている、黄金の崖にある修行の聖地に似ているためにこの名前が付けられている。最初、加吉寺は直貢カギュ派の有名な大師、堅阿喜繞瓊乃によって建てられた。後に藏晶巴がこの地で修行や説法を行い、加吉寺は次第にカギュ派の修行における有名な寺となった。1840年代にはシク戦争（イギリス東インド会社がインドの土侯国を支持し、ラダックを征服しようとして侵入してきた中国チベット地区における植民地侵略戦争である。しかし、最終的には失敗に終わった。）の頃、この寺は被害を受け破壊された。現在、残された修行窟を除いてこの寺の遺跡は修復を待っている状態だ。加吉寺では多くの洞窟のなかで犠牲になった人々を偲ぶこともでき、また近くの崖はマーナサロワール湖を眺めることのできる絶景スポットの一つである。

朗納寺

　マーナサロワール湖の北側の岸にあり、寺のある山の坂の形が大きな像の鼻に似ていることからこの名前が付けられた。朗納寺の起源は南竹巴カギュ派の名僧桑丹平措大師がここで修業し、説法を行ったところから始まる。その後、ラサの西にあるメルド・グンガル県にある直貢カギュ派の有名な寺院、羊熱崗寺をもとにしてこの寺院を建設した。言い伝えによると現在この寺の住職は 13 代目だという。朗納寺のある場所は巴嘎郷一帯の遊牧民が冬季に使用する牧場で、周辺の水草は美しく、草が生い茂っているためときおり野生動物が出没する。寺院の周囲には多くの仏塔や瑪尼石刻の中にはヤク頭の骨の飾られた瑪尼塔があり、これは畜産業の保護を意味している。現在この寺には釈迦や藏巴加熱などの像が祀られ、また聖湖の中から見つかったという銅のシンバルも祀られている。その他に朗納寺のある湖岸では様々な色の石が見つかる。その石には信仰の力が込められ、参詣者の信仰や徳を高める助けになると言われているため、北浴門は「信仰浴門」とも呼ばれている。

苯日寺

　マーナサロワール湖の北にある苯日山の谷川の湖に面したところに建てられており、霍爾郷から西側に 5km ほど行った国道 219 号線からぼんやりと眺めることができる。苯日寺の起源は神山あった法術の戦いの伝説からだという。言い伝えによるとミラレパが治める前、ボン教は神山聖湖一帯の最も力のある宗教だった。ミラレパがボン教の名僧若本瓊に法術での戦いで勝利した後、ボン教の勢力は苯日寺の一角に縮小してしまった。ダライラマ 5 世の時代になると、ゲルグ派が神山聖湖、ガリ地区における宗教の主導権を握り、そのとき色拉寺の高僧克珠・羅桑諾布が修行をするために神山を訪れた。その頃彼はたいへん有名で、霍爾郷の遊牧民の協力の下、ここにゲルグ派の寺院を建設した。現在、苯日寺には釈迦や江白尼布大師などの像が祀られ、

第7章 高原・ガリを歩く

撮影手記

文／沈　鵬飛

　シガツェ市の老仲巴県の街を出発し、馬木悠拉山口を越えるための道路に出ると突然、「天上のガリ地区へようこそ」と書かれた看板があらわれる。この道路を登り山の入り口へ着くとちょうど日が傾いてくる時間で、遠くで輝く太陽と山と並ぶ雲を見て、雲の果てに到着したのだと感じた。山口を下り、雲の果てでの観察生活が始まる。そこで出迎えてくれたのは1匹の狐で、私たちを見ると高くて長いうなり声を出し、山の上へと走っていった。この時が夢のような日々の始まりで、同時にTBISの第1回目の観察隊がヒマラヤ山脈の西側へと足を踏み入れた時だった。ガリ地区での観察の利点は地形が平坦だったことで、いくつかの場所ではオフロード車で進むことができた。しかし拠点から観察地までは相当な距離があり車で数時間かかるため、朝は毎日7時や8時に出発し、夜は10時ころに撮影から戻ってくる。北京での10時は通常この時間は真っ暗なのだが、ここは中国の西側で北京とは時差が2時間あるため、毎日12～13時間働いていた。標高4500メートルでのこのような生活は自分の限界への挑戦でもあった。

■ 天上での日々

　撮影の仕事は何日も連続して手ぶらで帰ってくることもあれば、一瞬の喜びもあった。毎日同じような景色を目の前にして、拠点と撮影地の往復を繰り返し、何の進展もない日々に私たちは焦りを感じていた。ある日私たちは湖の周りを進んでいた。時間は夕暮れ時、1日の撮影を終え、ちょうど帰っている道でのことだった。ある小道の横に差し掛かった時、運転手がこの道は近道で、傾斜はきついが通りたければこの道を進むと言った。車に乗っていた調査隊は全員疲弊し、できるだけ早く拠点に帰りたいと思っていたため、彼の提案に賛成した。車が坂道を上ると、10メートルも進んでいないのに突然カメラマンの郭亮が「車を止めて」と叫んだ。この時車の中では突然の出来事に10秒ほど沈黙した。いったい何が起こったのかと皆が考えていた。この時太陽の光は草原のエノコログサを照らしていた。その草原の奥から1匹の4足で歩く白い動物が私たちをじろりと睨んでいた。灯りを消し、望遠鏡を取り出して見てみると、郭亮は喜んだようにこう言った「オオヤマネコだ」。まさか伝説のネコ、長い間人々に発見されていなかった大型のネコ科の動物オオヤマネコとこんなところ

第7章 高原・ガリを歩く

で出会えるなんて。この大きな猫は草原の奥から警戒しながら私たちを観察していた。落ち着いて望遠レンズを取り出し、窓を開けて彼に焦点を合わせた。野生の動物は天性の警戒心を持っており、私たちが閉鎖された車の中にいた時は威嚇してこなかったが、車を降りたとたん体を大きく揺らしてその場から去ってしまった。走り去る前、彼は軽蔑した目、「人間はおろかだ」とでも言いだしそうな表情でこちらを見ていった。思いもよらない素晴らしい収穫だった。このようなめぐりあわせは観察の中でしばしば起こる。そのため退屈な捜索や待ち時間は、この一瞬のための積み重ねなのだと感じる。チャンスはいつも努力の後にやってくるのだ。

このような荒涼とした高原でも、動物たちにとっては楽園だ。毎日のように外に出て出会う、あいさつをしてくれるヒマラヤマーモットや荒野で見かけるアジアノロバ、かわいらしい「白いお尻」を見せるガゼルは私たちの仲間だ。この他にも空高く飛ぶタカや孤独なタイリクオオカミ、子供を連れた狐狸の一家などなど……感動、驚き、奇妙な出来事、いろいろな出会いがある。彼らは草原を走り回り、私たちに好奇心を持ち、罪や驚きの感じられないまっすぐな瞳でこちらを見てくる。このような観察で起こったどんな瞬間も私にとって美しい思い出として残っている。

▲TBISの創始者、羅浩。プラン県の前のネパールへと続く鉄のつり橋の上で。

■ 写真に隠された物語

　TBISの3年に渡る観察調査の中で、ガリ地区は忘れ難い思い出に満ち溢れた場所である。10000キロメートル近く進んだ山道、標高5800メートルでの撮影への挑戦、転山、湖巡り、私たちはいろいろな驚きに出会った。毎日10～12時間撮影の中で草原を歩き、孤独なタイリクオオカミに出会う。山を進み、坂を乗り越え、暴風雪に襲われる。聖湖のほとり、神山の星空の下で、8月という夏でもダウンジャケットを着こむ。草原で道に迷い、寂しさや動物たちと道を進む。尽きることのない物寂しさや孤独を感じ、上下左右を天と地に囲まれ、神山聖湖と相対する。この半月という観察でのどんな出来事も人も忘れることは無いだろう。

観察の道

▲観察隊は聖湖の周りの簡易道路を毎日同じように上下に揺れながら進む。精神的な試練でもあり、肉体的な試練でもあった。

▲観察隊の車両は標高5182mの道も進んだ。

▶「車の進める山には必ず道がある。」あるメーカー車の広告を証明できる一枚。傾斜は30度近くもあるが、これもまた私たちの進んだ道である。

229

第7章 高原・ガリを歩く

撮影の様子

▲一匹のオオノスリを発見。接近して撮影するためにカメラマンの程斌は簡易三脚を持ってゆっくりと山頂に近づく。ここの標高は約4500m。

▲夕陽が沈む時間は湖の水が最も温かい時間。観察隊の隊長、彭建生がマーナサロワール湖の浅瀬で水鳥を撮影している。

◀観察隊の副隊長、郭亮が同じ色の空と湖の中で水鳥を撮影している。

▲蒸気の立ち込める温泉の近くで2日間、足湯をする暇もなく撮影した。もう一度言うが、温泉に入りに行ったわけではない。2日間の捜索もむなしく、皆の期待していたミズヘビは見つけられなかった。

▲遠くにいる小鳥を驚かさないようにマーナサロワール湖の周りを匍匐前進で進みながら撮影するカメラマン李磊。

第7章 高原・ガリを歩く

撮影を終えて

▲TBISプロジェクト責任者の袁媛。観察隊唯一の女性で、TBISの男勝りな女性。

▲卓瑪拉山口を越えると観察隊は大雪に襲われた。観察隊の運転手の旦頓珠とTBISの編集者の鵬飛。風や雪が強いためカメラは服の中に入れるしかなかった。

▲途中の道で出会ったインドの参拝者団。

◀観察隊がカイラス山を歩く様子。

▲プラン県に行く途中の道で出会った独特な帽子をかぶったおばあさん。

あとがき

　ガリ地区へ足を踏み入れると様々な人が多様な視点から、異なる言葉を用いてその場を形容する。こういった言葉を要約すると「不思議」という文字にまとめられる。以下は私の深圳の友人が言った言葉を文字に起こして説明したものである。2007年4月26日夕暮れ時、彼ら一行はガリ地区プラン県のマーナサロワール湖に面した宿泊所に泊まった。そこから見渡すと湖面は氷に閉ざされ、天地がつながっているようであった。しかし27日の午前中にもう一度湖のほとりへ来てみると、青々とした湖が眼前に広がっており、そこにいた全ての人間が驚いたという。なぜならたった一晩眠っていた間に起こった出来事なのだから。そのとき友人はこう言った。「昨日は白く果てしない景色があったのに、今日は湖が青く透き通っている」。言い伝えの中にある聖湖マーナサロワール湖の「開湖」を彼らは思いがけずに体験した。この出来事は魔法のようで、予測不可能な大自然を前にすると世界的に有名なマジシャンでも見劣りしてしまう。

　聖湖の北にはカンディセ山脈の主峰カイラス山、南にはヒマラヤ山脈のグルラ・マンダーダ山がある。この南北の山とマーナサロワール湖が潤いのある河川や広い湿地の生態系を形成しており、「ラムサール条約」の湿地リストにも登録されている。

　マーナサロワール湖やカイラス山のあるヒマラヤ山脈とカンディセ山脈の間の区域には蔵布川、獅泉河、朗欽蔵布川、馬甲蔵布川と言う4つの川があり、それらが南アジアの有名なヤルツァンポ川やインダス川、サトレジ川、ガンジス川の源流や支流である。またカイラス山とマーナサロワール湖は地元の人々に神山聖湖として崇拝の対象とされており、このようなはっきりとしていて独特な文化や宗教の特色には、人々の大自然に対する畏敬の念を秘められている。

　神山のふもとや聖湖のほとりに沿って生命の足跡を探していくと、「チベット生物映像調査（TBIS）」機構がヒマラヤ山脈を取り巻く生態系を観察する重要な区域に出る。中国科学院動物博物館の主催した初めての成果発表会「チベットヤルツァンポ大峡谷における生物の多様性の映像及び『ヤルツァンポの眼』新刊発表会」の中で、団体の責任者である羅浩氏が台上で発表したのだが、私はその発表の中の2点が大変印象に残っている。

　まず1つ目が視点だ。人々はチベットに対して様々な視点を持っている。羅浩氏はチベットで育ち、チベット民族の持つ自然や生物の魂に対する畏敬の念に大きく影響を受けた。彼はこのような畏敬の念を持ち、他人に影響を与えることがチベット民族の責任だと考えている。チベット民族は世界の屋根で千年生活していく中で、中国やアジアの国の水源を清浄に守ってきた。穏やかな心やまっすぐとした目でここに生活する人々

の生活を観察し、記録し、また人類と共存するチベット地区に生息する生物たちを観察することで、この静かな世界の中から生命の意義を見つけ出すことができるだろう。まっすぐな目で見るということは対等な交流、言葉の無い敬いであり、これこそ人と人、人と自然が和諧していくために必要な視点なのである。現在、羅浩氏と彼の所属する団体がこのような視点を以て長期にわたり多くの発見と様々な生物の美しさを記録している。

2つ目は涙である。彼は190センチほどの男性なのだが、台上で感情が昂ったのか涙を浮かべ、声を詰まらせていた。このとき彼の心中はヤルツァンポ川のように波が立っていたのだろう。会の前に彼と2人で話した際、彼は自分のつらい境遇について腹を割って話してくれた。『ヤルツァンポの眼』の「眼」というのは涙を浮かべた目であり、その中に書かれているつらさや苦しさについては説明することが難しく、またそこにはチベットの自然と生命に対する純情や深い愛情が満ちている。私は彼のその緊迫したまなざしから、チベット高原の生態系は中国人民をはじめすべての人類にとっての宝であり、そしてそれはもろく弱いものだということを感じた。チベット高原は中国やアジアの水源であり、地球を見渡せる場所である。そこはモンスーンや降雨のおかげで、川は途切れることなく、黄土が堆積し、数千年にも及ぶ中華文明を育んできた。この高原の生態の変化を追跡し、記録することが最終的に私たち自身や自然とどのように接するか、生命とどのように接するかということを改めて考えさせてくれる。

北京でこのイベントに参加した2日間、彼は食事をとる暇もないほど会場を駆け回り、理解を求め、多くの支持や賛同を得た。彼はヒマラヤ地区における生物の多様性について考察したいと考えており、ヤルツァンポ大峡谷、巴松措湖、魯朗鎮、カイラス山、マーナサロワール湖の後、ザコル県、メトワ県、陳塘、吉隆、エベレスト南北のふもとなどについても継続して調査していくようだ。このような大きな計画について話した後の彼の眼は毅然としていて、理想や使命を見つめているようであった。

このような本の出版は金銭的な援助を受けられないというような困難に陥ることもあり、市場効果と文化的な責任の間で板挟みになることがある。そのため『ヒマラヤ生態観察シリーズ』の出版にあたり責任が生じる。チベット生物映像多様性調査団は我々に青い地球のすばらしさ、そこにいる人々が宇宙へ最も近く、最も美しいという思いを託した。

本書では、生命の物語を静かに読み、山や湖にある自然の魂に触れていただけたら幸である。

喬玢

北京出版集団社長

参考文献

① 呉征鎰 『西藏植物志・第 1 巻』 科学出版社　1983

② 約翰・馬敬能 (John MacKinnon)、卡倫・菲利普斯（Karen Phillipps)『中国鳥類野外手冊　湖南教育出版社』2000

③ 盖瑪 (Gemma F.)、解焱、汪松、史密斯 (Andrew T.Smith) 『中国哺乳類野外手冊』 湖南教育出版社　2009

④ 張巍巍、李元勝 『中国昆虫生態大図鑑』重慶大学出版社　2011

⑤李丕鵬、趙尓宓、董丙君、『西藏両生爬行動物多様性』 科学出版社　2002

⑥ 謝仲屏『西藏昆虫第 1 冊』科学出版社　1981

⑦ 中国科学院『西藏昆虫第 2 冊』 科学出版社　1982

⑧ 費梁 『中国両生動物図鑑』河南科学技術出版社　1999

⑨ 季達明、温世生、中国野生動物保護協会『中国爬行動物図鑑』河南科学技術出版社　2002

⑩ Flora of China : http://foc.eflora.cn/

⑪ 中国植物主題データベース http://db.kib.ac.cn/

⑫ 中国動物主題データベース http://www.zoology.csdb.cn/

⑬ 季羨林等『敦煌学大辞典』 上海辞書出版社　1998

⑭ 彭措朗傑、阿布『西藏阿里東嘎壁画窟』 中国大百科全書出版社　2008

⑮ 彭措朗傑『托林寺』中国大百科全書出版社 2010

⑯ 霍巍、李永憲『西藏西部佛教芸術』 四川人民出版社 2001

⑰ 金維諾『西藏阿里古格王国遺址壁画』 河北美術出版社 2001

⑱ 霍巍等 『西藏阿里東嘎』皮央石窟考古調査簡報、文物　1997.07 月刊

⑲ 斯文・赫定（Sven Hedin）著『孫仲寛譯　我的探検生涯』新疆人民出版社，2010.

⑳ 馬麗華『西行阿里』 中国藏学出版社　2007

環ヒマラヤ生態観察叢書②
カイラス山・マーナサロワール湖生物多様性観測マニュアル

自然の魂

定価 **3980** 円+税

発　行　日	2019 年 2 月 15 日　初版第 1 刷発行
著　　　者	羅　浩
訳　　　者	西尾颯記
監　　　訳	駱　鴻
出　版　人	劉　偉
発　行　所	グローバル科学文化出版株式会社
	〒 140-0001 東京都品川区北品川 1-9-7 トップルーム品川 1015 号
印 刷・製 本	株式会社ウイル・コーポレーション

© 2019 Beijing Publishing Group Beijing Arts and Photography Publishing House
落丁・乱丁は送料当社負担にてお取替えいたします。
ISBN 978-4-86516-030-7　　C0645